일본
가정식

오늘은
행복한 요리사

우리
밥 한번
먹자 ～

지인을 오랜만에 만나면, 인사치레로
"밥 한번 먹자"라고 한다.
하지만 바쁘고 피곤해서, 시간이 없어서, 밥 한번 같이 먹기가 참 어렵다.
그래서 지키지 못하는 약속이 되곤 한다.
혼밥, 혼술, 인터넷, SNS 등 혼자 즐기고 생활하는 것이 편하고, 편의점
도시락이 익숙한 시대에, 애쓰고 노력해서 친구들에게 일일이 연락해서 모으고
직접 요리를 해서 즐기는 행복함을 알려주고 싶다.
부지런히 시장보고, 열심히 노력해서 만든, 애매하고 어설플 수 있지만 세상에
단 하나뿐인 요리를 맛보며 마주앉은 상대가 미소 짓는 모습에 가슴속 깊이
따뜻한 행복이 차오르는 기분을 함께 느끼고 싶다.
네 아이의 아빠로 살아오며 몸으로 느끼고 새기는 문장이 하나 있다

"행복하다고 힘들지 않은 건 아니다."

등 따습고 배불러야 행복하다고 하지 않는다. 비가 새는 집에 살아도 사랑하는
사람과 함께라면, 누룽지를 긁어먹어도 행복한 것처럼 지금 만든 음식이 비록
짜고, 달고, 맛이 이상할지라도…
요리하고 담고 먹는, 함께하는 순간이 감사요, 행복이다.

"우리 밥 한번 먹자. ('오늘은 행복한 요리사' 책을 보고) 내가 해줄게."
"고마워 잘 먹었어, 다음엔 내가 만들어 줄게."
"내가 도시락 싸올게. 내일 같이 먹자."

이런 대화로 참된 소통과 행복을 누리는 따뜻한 마음이 번지기를 바란다.

contents

01 덮밥과 카레

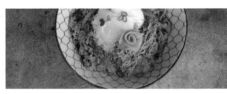

06

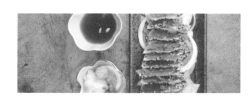

샐러드 & 디저트

いただきます

이타다키마스

오늘은 행복한 요리사

일본
가정식 요리의
특징

일본 가정식은 밥, 국, 반찬으로 구성합니다. 밥상에서 계절을 느낄 수 있도록
제철 식재료를 고집하는데, 이것이 건강을 유지하는 큰 힘이 됩니다. 계절마다
식재료와 그릇을 조화롭게 사용하여, 자연 그대로의 맛과 신선도를 유지하여
요리하므로, 자연스럽게 우리의 마음과 몸을 좋게 합니다.
아침, 점심, 저녁의 조화도 중요합니다. 아침은 위와 장을 깨워주는 발효 콩
낫토, 미소시루(된장국)로 시작하고, 점심은 에너지를 내는 고기, 생선 같은
단백질 중심으로 식사를 하고, 저녁은 비타민, 미네랄 등의 영양이 풍부한
채소 중심으로 기름지지 않은 식사를 합니다.

"이타다키마스(いただきます)."

맛있는 음식 앞에서 보통 '잘 먹겠습니다'라는 뜻으로 해석하는데 그 속뜻은
'당신에게서 생명을 이어받겠습니다'입니다.

오늘은 행복한 요리사

일본
요리
양념

—

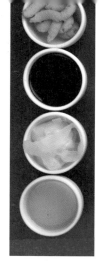

'사시스세소'(さしすせそ)라고 합니다.

'샤'는 설탕, '시'는 소금, '스'는 식초, '세'는 간장, '소'는 된장을
의미합니다. 이 순서대로 음식에 넣는 것이 재료의 맛을 잘 살릴
수 있는 조리법입니다.
일본에서 "맛은 소금의 양에 달려있다"라는 말이 있습니다.

요리사는 맛을 기억하고 그 맛을 재생산 해내야 합니다. 그중에
가장 중요한 것은 간 맞추기 입니다.

요리에 따라서 3단계로 나누어 간을 하는데, 처음 밑간은
불필요한 잡맛을 없애고 재료 깊숙이 침투해서 맛을 끌어내는
역할을 하고, 중간 간은 맛을 확인하는 간보기 역할이고, 마지막
간은 풍미를 돋우고 요리를 완성합니다.

•
간
장

•
식
재
료

일본요리에 쓰이는 간장은 5가지
종류지만 우리나라에서는 진간장과
국간장을 주로 사용한다.

진간장 _ 밀가루, 콩, 소금을 이용한
간장으로 향이 강하고
생선조림 등 오래 끓이지 않는
음식에 사용한다.

국간장 _ 진간강에 비해 색이 연하지만
염분이 강하므로 음식이
짜지지 않게 사용한다. 우동 등
국물요리에 주로 사용한다.

식당은 자리가 8할이고, 음식은 재료가
8할이란 말이 있다. 식재료는 신중하게
그리고 신선한 재료들을 이용해야 한다.
요즘은 냉장냉동 보관시설이 좋아지고
수입재료들이 다양해서 사시사철
재료들을 구 할 수 있지만 가장 맛있는
계절별 제철 재료를 사용하면 보약이
따로 없다.

봄 (3~5월)
- 채소 : 양배추, 쪽파, 죽순, 애호박,
  부추, 도라지, 더덕, 봄동, 봄나물
- 해산물 : 도미, 꽃게, 오징어, 고등어,
  물미역, 대합, 바지락

여름 (6~8월)
- 채소 : 양파, 오이, 고추, 깻잎, 매실,
  고구마, 옥수수, 감자, 아욱, 근대
- 해산물 : 우럭, 농어, 전복, 장어, 갈치,
  성게

쌀

일본요리에서 가장 중요한 요소는 쌀이다. 일반적으로 사용되는 낟알이 길쭉한 장립종(동남아) 쌀이나 바스마티(인도쌀) 품종의 쌀과 달리 일본쌀은 단립종이고 찰기가 있다.

덮밥(돈부리) 밥은 물기가 적은 고두밥으로 밥을 지어야 하고, 초밥(스시) 밥은 찰기와 적당한 탄력이 있고 초양념을 섞어야 하기 때문에 흡수성이 좋은 쌀을 추천한다.

햅쌀은 수확 후 기간이 짧아 전분이 굳어 있지 않아서 흡수율이 낮다. 그래서 초밥용으로는 묵은 쌀을 주로 사용한다.

밥 짓기

불을 끄고 뜸 들이는 시간이 중요하다. 밥솥 안의 온도가 일정동안 유지되고 서서히 떨어지면서 쌀에 남아있던 여분의 수분은 날아가고 알맞게 밥이 되어가는 과정이므로, 뚜껑을 열지 않고 15분간 충분히 뜸을 들여서 맛있는 밥 짓기를 한다.

가을 (9~11월)
• 채소 : 무, 배추, 양상추, 연근, 당근, 버섯
• 해산물 : 광어, 전어, 삼치, 대하, 가자미, 홍어

겨울 (12~3월)
• 채소 : 브로콜리, 우엉, 연근, 미나리, 시금치, 쑥
• 해산물 : 굴, 김, 미역, 파래, 대구, 낙지, 홍합, 동태

즐겨
사용하는
식재료

—

식자재는 가게의 재고수량을 수시로 체크하면서 인터넷
식자재 마트를 주로 이용한다.

온라인매장
모노마트 www.monolink.kr
에이프라이스 www.a-price.co.kr
씨포스트 www.seapost.co.kr
태명종합식품 http://e-ifood.com

오프라인매장
모노마트와 에이프라이스는 오프라인 매장이 있어서 생소한
재료와 소스 등을 직접 보고 선택할 수 있는 장점이 있다.
홈페이지에 설명된 가까운 지점을 이용할 수 있다. 사업자와
개인소매는 가격이 다르다는 점은 참고해야 한다.

다농마트
가락시장과 마포농수산물시장 안에 다농마트가 있다. 대형
식자재 할인마트이다. 영업용으로 사용하는 대용량 상품들이
다양하게 준비되어 있어서 신메뉴 개발할 때는 오프라인
매장에 가서 직접 눈으로 보고, 만져보면서 새로운 메뉴를
구상 할 때 종종 이용한다.

아즈마 유기농 극소립 낫또
유기비료를 사용해서 유기 재배한 대두를
100% 사용한 낫또의 본가 아즈마에서
생산한 제품이다. 엄격한 기준의 일본
JAS마크도 획득한 상품이다. 연어, 참치덮밥,
소바, 롤 등과 함께 요리하거나 단품으로 낫또
덮밥, 반찬용으로 다양하게 요리된다.

시치미
7가지 맛을 가진 향신료 가루이다.
고춧가루, 흰깨, 검은깨, 김 등의 7가지
씨앗이 재료로 들어가 있어 다양한 맛을 낸다.
완성된 덮밥이나 우동 등의 음식 위에 기호에
맞게 살짝 가미하면 매콤하고 깔끔한 맛이
나도록 도와준다.

큐피 참깨드레싱

칼로리가 높은 사우전아일랜드 드레싱을 대체할 수 있는 영양만점
큐피참깨드레싱은 갓 볶아 낸 참깨를 듬뿍 사용한 제품으로
두부튀김, 돈가스튀김에도 잘 어울린다. 샐러드드레싱으로는 최고
중에 하나이다.

청해 단무지 슬라이스

'압축단무지, 치자단무지'라고 부른다.
꼬들꼬들한 식감이 일품이어서 라멘,
우동, 소바 등과 잘 어울린다. 국내산 무로
국내에서 제조된 제품이다.

초생강

얇게 썬 생강을 단 식물에 절인 제품으로 신맛과
단맛이 적절하게 배합되어 입안에 넣는 순간 생강
특유의 식감과 풍미를 그대로 느낄 수 있다. 스시와
사시미에 자주 사용되고 덮밥과도 잘 어울린다.
일식은 색감을 중요시하기 때문에 완성된 음식의
색상에 따라 적색 또는 백색 초생강을 사용한다.

아지나 하나가쯔오부시

국물 맛을 낼 때 사용되는 가쯔오부시는 가다랑어의 머리와 내장 등을 떼고 찜통에 쪄서 뼈를 발라내어
불에 쬐어 건조시킨 후, 하룻밤 동안 그대로 두었다가 다시 불에 쬐어 건조시키는 과정을 수차례
반복한다. 건조된 가다랑어를 1~2일 햇볕을 쬐어 밀폐상자에 넣고 약 2주가 지나면 푸른 곰팡이가
피게 되는데, 이 곰팡이가 피는 과정을 4~5회 반복하면 곰팡이가 거의 사라지게 되고 가쯔오부시를
만들기에 적합한 원료가 완성된다. 이러한 과정은 총 4~5개월이 걸린다. 곰팡이를 피우는 이유는
지방분을 감소시키고 향미와 빛깔을 좋게 하기 때문이다. 이렇게 완성된 가다랑어를 대패 밥처럼
얇게 깎아 놓은 것이 가쯔오부시이다. 붉은 빛을 띤 독특한 흑갈색으로 윤기가 나는 것이 좋은
가쯔오부시이다. 아지나 하나가쯔오부시는 오코노미야끼, 타코야끼, 야끼소바, 돈부리 등 각종 요리의
토핑으로 사용하기 좋다. 대용량이 부담스러운 가정에서 사용하기 좋은 40g 소포장 제품이 있다.

노바시 새우

노바시 새우는 머리와 껍질을 벗겨내고
새우꼬리만 남겨놓은 손질된 새우를 말한다.
해동 후에 튀김옷을 입혀서 간편하게 새우튀김을
요리할 수 있다. '20미, 25미, 30미'라고 쓰여 있는
것은 1팩에 몇 마리(미)가 들어있는지 표시된
것으로, 작은 숫자일수록 새우크기가 커진다.

오타후쿠 쌀 식초

최적의 원료로 검증된 쌀만을 사용한
오타후쿠 회사의 제품인 이 쌀 식초는
일반 식초보다 맛과 향이 부드러워서
폰즈소스, 초무침 요리할 때 주로 사용한다.
참고로 오타후쿠는 오코노미 소스, 타코야끼
소스 등 히로시마에 있는 소스로 유명한
회사로 웃고 있는 여자얼굴을 마크로 쓰고
있기 때문에 쉽게 찾을 수 있다.

505 생와사비

분말로 물과 희석하는 와사비가 아닌 생 와사비가
튜브형식으로 담겨 있는 제품이다. 가공된 와사비보다
매운 맛은 약하지만 향이 좋고 뒤끝에 살짝 단맛이
감돌아 재료(생선) 본연의 맛을 더욱 살려준다. 향이
좋아서 간장에 개면 진한 간장 향에 배므로 생선에
와사비를 바르고 간장에 찍어 먹으면 더욱 맛이 좋다.

아지노모토 혼다시

국물 맛을 살려주는 조미료이다. 가다랑어의
본연의 맛과 감칠맛 그리고 깊은 향과 풍부한
맛이 요리를 한층 업그레이드 시켜준다. 우동,
오뎅 탕, 라멘 등 일본요리는 물론 김치찌개,
된장찌개, 미역국, 칼국수 등 한국음식에도 잘
어울린다.

아리아케 나가사키 짬뽕스프
농축액상 타입의 스프로 손쉽게 요리할 수 있다. 돼지 뼈를 사용한 사골국물과 해산물의 깊은 맛이 어우러져 일본 나가사키 짬뽕이 그대로 재현된다. 물 10~15 : 스프 1 정도의 비율로 섞어서 입맛에 맞게 맛있게 요리해서 먹으면 된다. 참고로 우동 면으로 요리해도 되지만 나가사키 짬뽕 면도 함께 구입해서 요리하면 더욱 멋진 나가사키 짬뽕이 완성된다.

마루산 아와세미소
쌀된장, 콩된장을 혼합하여 가다랭이포, 다시마 추출물을 3배 함유하여 만든 제품이다. 가다랭이포가 함유되어 있어서 더욱 깊고 풍부한 맛을 내는 미소(된장)이다. 덩어리가 지지 않고 쉽게 풀리기 때문에 오래 끓이지 않아도 깊고 감칠맛 나는 미소국을 만들 수 있다. 한국 된장국에도 1:1로 섞어서 사용하면 더욱 맛있는 된장국을 끓일 수 있다.

기네우치 우동
쫄깃쫄깃 탱탱한 일본 전통 우동 면이다. 독자적인 제조법을 가지고 면 제조 2천년의 역사를 자랑하는 산사스 회사의 제품이다.

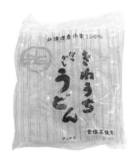

S&B 골든 카레
일본을 대표하는 카레이다. 향신료 제조 회사 에스앤비가 세계 각국의 엄선된 향신료 30여종을 브랜딩해서 만든, 깊고 진한 맛의 일본식카레이다. 매운맛, 중간 맛, 순한 맛 등 입맛대로 선택해서 맛있는 카레를 만들 수 있다.

미츠칸 돈부리소스
물과 희석해서 채 썬 양파에 졸이면 간단하게 돈부리를 만들 수 있다. 단맛이 나고 농도도 끈적끈적해서 조림요리 할 때도 사용하고, 설탕과 함께 졸이면 데리야끼 소스용으로 사용가능하다.

기꼬만 혼쯔유
100년 이상의 전통을 자랑하는 일본간장의 대명사 기꼬만 제품이다. 일본식 국물요리에는 모두 사용되어진다. 기꼬만 혼쯔유는 가다랭이와 다시마 추출물로 3배 농축된 국물용 소스. •소바는 쯔유1: 물1.5~2 •우동에는 쯔유1: 물 5~6을 혼합해서 사용하고 그밖에 오뎅탕, 국수, 계란찜 등에도 비율대로 섞어서 사용하는 만능간장소스이다.

조리
도구

계량컵

계량컵은 200ml를 기본(종이컵 가득은 180ml) 재질은 스테인리스와 프라스틱제품이 있으며 모양과 디자인이 다양하다.

계량스푼

계량스푼은 큰 스푼=테이블스푼(T), 작은 술=티스푼(t)으로 말하고 표기한다.

1T = 15ml, 1t = 5ml

집게와 핀셋

집게는 뜨거운 것을 잡거나 옮길 때 자주 사용된다. 핀셋(호네누끼)은 생선 가시를 바르는 데 사용된다.

덮밥용 냄비

손잡이가 직각으로 되어있는 프라이팬처럼 생긴 돈부리 나베(덮밥용 냄비) 이다. 일인분씩 덮밥을 만들어서 밥 위에 얹기 편리하다. 냄비에 덮밥소스를 넣고 양파와 함께 졸이다가 돈가스와 계란을 올리고 뚜껑을 덮어서 계란을 반숙으로 익히면 맛있는 돈부리가 완성된다.

계란말이 팬

사각모양의 프라이 팬이다. 계란을 일정한 두께로 말아주기 위해 사각형으로 생겼다. 얇게 계란을 부치면서 위에서 아래로 돌돌 말아주면 두툼하고 반듯한 계란말이가 완성된다. 간단해 보이지만 반복적인 연습이 필요하다.

저울과 타이머

무게를 알려주는 전자저울과 시간을 알려주는 타이머이다. 요리사에게도 눈대중, 손대중은 실패할 때가 많다. 라면도 봉지에 써 있는 물의 양(계량컵)을 넣고 타이머를 맞추어서 끓이면 정말 맛있는 라면이 완성된다.

주걱과 붓

실리콘 주걱과 붓이다. 요즘은 실리콘 제품의 주방도구들도 많이 사용되고 있다. 실리콘 주걱은 끝이 부드럽게 구부러져서 소스를 끓이다가 그릇에 담을 때 알뜰주걱 역할까지 할 수 있어서 일석이조이다.

오토시부타(나무뚜껑)

오토시부타는 일반 냄비뚜껑과 달리 냄비 안으로 쏙 빠지는 뚜껑이다. 국물이 적은 요리를 할 때 주로 사용한다. 조림을 할 때 수분 량을 조절하면서 재료들을 눌러 모양이 흐트러지지 않게 하면서 국물과 양념이 잘 배게 도와주는 요리 도구이다.

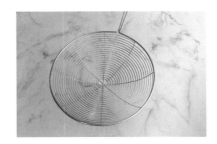

튀김건지기

물기를 빼는 채반과 같이 생겼지만 구멍 간격이 넓어서 기름이 금방 빠져나가 튀김을 더욱 바삭바삭하게 만들도록 도와준다.

미트해머

고기연육을 위해서 두들기는 고기망치이다. 많이 두들길수록 식감이 부드러워진다. 망치의 네 면이 다른 모양인데 큰 모양으로 두드리기 시작해서 작은 모양으로 바꾸어가며 두들겨 주어야 한다.

채칼

양배추 채처럼 얇은 채를 썰어야 할 때는 채칼을 이용하는 것이 빠르고 균일한 크기로 만들 수 있다. 칼날 교환이 가능하기 때문에 다양한 굵기의 채를 썰어서 요리에 활용할 수 있다.

계란 프라이 틀

함박 스테이크에 올라가는 예쁜 반숙 계란 프라이를 만들 때 사용하는 계란틀이다. 하트 모양, 토끼 모양 등 귀엽고 사랑스러운 다양한 모양들이 있다.

거품기

샐러드드레싱을 만들 때, 계란말이의 계란을 풀 때 사용한다. 그밖에 반죽은 물론, 각종 크림, 달걀, 우유 등의 거품을 손쉽게 낼 수 있다.

토치

일회용 부탄가스에 탈부착이 가능한 제품이다. 요리에 불맛과 향을 낼 때 사용하고 구운연어, 참치 타다끼를 요리할 때도 필요하다.

대나무 발

대나무 발은 롤을 만들 때도 필요하지만, 계란말이 모양을 잡아주거나 샌드위치, 곶감 말이 등 둥근 모양을 낼 때 활용하기도 한다. 나무제품이므로 물에 담가두지 말고 사용 후에는 바로 씻어서 그늘에 말려주어야 한다.

계량법

눈대중으로 양을 가늠하면 항상 일정한 맛을 유지하기 어렵다. 한 스푼, 반 스푼, 한 컵 등을 계량할 때 일정한 숟가락이나 컵을 사용할 수 있지만 계량컵, 계량스푼을 사용하는 것이 가장 좋다. 이 책에서는 가정용 스푼과 종이컵을 이용할 것이다.

종이컵으로 액채 분량 재기

육수 1컵

종이컵에 가득 찰 정도까지 담는다.

육수 ½컵

종이컵 절반보다 위로 올라오게 담는다.

손가락

엄지와 검지로 조금 집은 양
ex) 소금 약간, 후추 약간

가루 분량 재기

숟가락으로 수북하게 퍼서 볼록
올라오게 담는다.

숟가락으로 절반만 볼록 올라오게
담는다.

숟가락으로 1/3만 담는다.

액체 분량 재기

숟가락으로 볼록 올라오게 담는다.

숟가락으로 가장자리가 보이도록 절반만
담는다.

숟가락으로 1/3만 담는다.

장류 분량 재기

숟가락으로 볼록하게 올라오도록 담는다.

숟가락으로 절반만 볼록하게 담는다.

숟가락으로 1/3만 담아요

기본육수와
만능간장

만능간장 · 다시마가츠오 육수 · 다시마 육수

다시마 육수

※ 다시마가츠오 육수보다 향이 적고 조림, 미소국에 사용한다.

젖은 수건으로 다시마(10x10cm)의 표면을 닦아준다.

1000cc 찬물을 담은 냄비에 다시마를 넣고 10분간 담가둔다.

냄비를 중간 불에서 끓이다가 끓기 시작하면 다시마를 건져낸다(강한 불에서 빨리 끓이면 향이 없어진다).

다시마가츠오 육수

※ 일본요리의 기본육수로 소스, 샤부샤브등 모든 요리에 사용된다.

냄비에 1000cc 찬물을 넣고 물수건으로 표면을 닦아낸 다시마(10×10cm) 넣고 10분간 둔다.

냄비를 중간 불에서 끓이다가 끓기 시작하면 다시마를 건져낸다(다시마를 손끝으로 눌러 보아 자국이 나면 맛이 잘 우러나온 것).

1분간 다시마물을 끓인 후(다시마 잡냄새 제거) 가츠오부시 한주먹(30g)을 뭉치지 않게 잘 털어서 넣는다.

살짝 한 번 끓인 후 중간물에 1분 정도 끓이다가 불을 끄고 5분간 둔다.

그릇에 키친타올을 깐 체를 올려서 가쓰오부시를 걸러준다.

가쓰오부시를 걸러내면 다시마가츠오 육수가 완성된다.

만능간장

※ 한 번에 많이 만들어 놓고 냉장보관 하시고 가츠동, 오야꼬동 등 돈부리소스나 꼬치구이할 때 사용하시면 좋다.

다시마 가츠오 육수를 준비한다.

생강 1쪽 껍질을 벗기고 편으로 자른다.

육수 2컵, 간장 2컵, 생강편을 넣고 끓이다가 미림 1컵, 설탕 1컵을 넣고 설탕이 녹으면 불을 끄고 식혀준다.

재료 써는 법

재료는 써는 방법에 따라 맛이 크게 달라진다.
대표적인 예로 복어, 광어 등 쫄깃한 재료는 얇게 썰고,
연어와 참치는 두껍게 썰어서 원재료의 맛을 최대한
즐길 수 있도록 해야 한다.
조림, 국물요리에도 야채의 크기와 모양에 따라서
익는 시간이 달라지므로 유의해야 한다. 얇은 건
얇게, 두꺼운 건 두껍게 자르는 것도 중요하지만 모든
재료들을 균일한 크기로 써는 것이 가장 중요하다.

통썰기

오이, 당근, 고구마 등 둥근 재료의 단면을 원모양으로 자른다. 통썰기를 1/2로 자르면 반달썰기, 1/4로 자르면 은행잎 썰기

어슷썰기

통썰기 단면을 비스듬하게 썰어 단면을 더 넓어지게 써는 방법이다. 떡국의 가래떡을 어슷썰기해서 떡국 양을 풍성하게 보이게 한다.

채썰기

어슷썬 야채를 포개어 놓고 길게 채썰기를 한다. 양배추 채처럼 아주 얇게 썰어야 하는 것은 채칼을 이용하는 게 좋다.

다지기

가늘게 채 썬 재료를 한쪽 끝을 잘 고정시키면서 곱게 썰어준다. 간 마늘, 간 생강 등 곱게 다질 때 사용하는 방법이다.

깍둑썰기

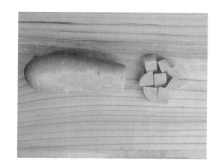

주사위 모양으로 써는 방법이다. 큰 주사위 모양은 카레 조림요리에 사용하고, 작은 주사위 모양은 미소국에 사용한다.

돌려썰기

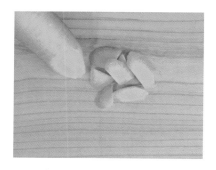

연필을 깎을 때처럼 한쪽이 뾰족하게 이리저리 돌려주면서 비슷한 크기로 썰어준다. 단면이 일정하지 않지만 크기는 일정하게 유지한다. 우엉조림의 우엉을 돌려썰기로 자르듯이 조림요리에 주로 사용한다.

chapter **one**

01

오늘은 행복한 요리사

덮밥과 카레

돈부리(丼, どんぶり)는 밥 위에 다양한 재료를
토핑으로 얹어 만드는 일본의 덮밥 요리이다.

돈가스, 새우튀김, 불고기, 연어, 장어 등을
올려서 다양한 덮밥을 만들 수 있다. 다양한
재료들을 얹어 먹는 돈부리는 재료와 조리법에
따라 수백가지의 돈부리가 탄생된다.
스팸을 구워서 올리면 스팸동, 계란 프라이를
부쳐서 올리면 후라이동, 쉽고 간단해도 내가
좋아하면 오케이!
천하일미 작가 다카쿠라 미도리는 "돈부리는
삼미일체의 조화를 이루며 새로운 맛을
창조해내는 소우주"라고 했다.

01

규
동

규동

쇠고기덮밥

소불고기 덮밥. 더 이상의 설명이 불필요한 스페셜 메뉴이다. 일본에는 규동 덮밥 전문점이 편의점만큼이나 많고 다양한 브랜드가 있다. 매일 먹어도 역시 최고라고 할 수 있는 규동이지만 실패하기 어려운 메뉴이기도 하다. 잘 도전해 보자.

⏰ • 시간 : 20분

🍲 • 량 : 1인분

소고기 100g(불고기용), **양파** 1/4개, **계란** 1개, **밥** 1공기, **대파** 15g, **초생강** 12g
• **규동소스** _ **다시마육수** 200cc, **간장** 1/2T, **미림** 1T, **정종** 1/2T, **설탕** 1/2t
• **돈부리 소스** _ **다시마육수** 150cc, **간장** 2T, **미림** 4T, **설탕** 1/2T

1 규동 소스 재료를 잘 섞어서 준비한다.

2 소고기를 규동 소스에 넣고 익힌다.

3 냄비에 돈부리 소스와 0.5cm 두께로 썬 양파를 넣고 양파가 투명해질 때 까지 끓인다.

4 양파가 익으면 그 위에 규동 소스에 익힌 소고기를 넣는다.

5 덮밥 그릇에 담겨 있는 밥 위에 완성된 소고기를 살포시 담아낸다. 온천계란, 대파, 초생강과 함께 먹으면 더욱 맛있는 규동이 완성된다(온천 계란 만드는 법은 p144 참고).

연우의 요리 . TIP

규동의 소고기는 채끝, 등심, 우삼겹을 사용하며, 굵기는 2mm정도의 샤브샤브용으로 구입해서 사용한다.

사케동

생연어덮밥

결혼식 뷔페에서 먹어본 훈제연어를 생각한다면 커다란 착각이다. 생 연어를 직접 손질해서 만든 연어덮밥이다. 연어를 손질하고 소금, 식초, 다시마 그리고 백포도주까지 숙성의 과정을 통과하면 참치가 부럽지 않은 최고급 생 연어가 탄생한다.

- **시간 : 15분**
  (다시마숙성시간 제외)
- **량 : 1인분**

생연어 120g, **와사비** 5g, **밥** 1공기, **김가루**, **다시마**
- **돈부리 소스 _ 다시마육수** 150cc, **간장** 2T, **미림** 4T, **설탕** 1/2T
- **사시미 간장 _** 정종을 냄비에 끓이면 잠깐 불이 났다 꺼진다. 이렇게 알코올을 제거한 후 정종, 미림, 간장을 1:1:1 비율로 맞춘다.

1 다시마를 물에 적신 후 손질한 생연어를 올린다.

2 다시마로 연어를 감싸고 20분간 냉장고에서 숙성한다. 다시마가 연어의 비린내를 잡아주고 육질을 탄탄하게 해준다.

3 냉장고에서 연어를 꺼내 다시마를 벗겨내고 단면이 1.5x3cm 크기로 한 덩이를 준비한다.

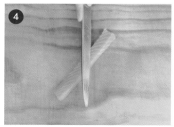

4 결(하얀 힘줄)과 반대 방향으로 칼날을 놓는다.

5 연어를 동일한 크기와 두께로 썬다(크기 5~6cm / 두께 2~3mm).

6 덮밥 그릇에 밥을 담고 그 위에 졸인 돈부리소스를 뿌리고 김가루를 뿌린다.

※ 졸인 돈부리소스
(돈부리소스를 냄비에 끓여서 농도가 걸쭉해지도록 졸인 것)

7 그 위에 자른 연어를 올린다.

8 와사비를 올려서 완성한다. 사시미 간장을 곁들여 낸다.

03

치킨
데리야끼동

치킨
데리야끼동

닭다리살의 풍부한 육즙과 윤기가 잘잘 흐르는 닭고기 데리야끼 덮밥이다. 달콤한 간장 소스인 데리야끼를 사랑하지 않는 사람은 이 세상에 없을 것이다. 데리야끼 소스는 어떤 고기든지 잘 어울리는 만능 소스이다. 하지만 설탕성분이 있어서 쉽게 타니까 불 조절에 주의해야 한다.

- 시간 : 20분
  (닭고기숙성 1시간 제외)
- 량 : 1인분

닭다리 살 한 덩이, 소금, 후추, 양파1/8개, 양배추 30g, 타르타르소스 1.5T, 파슬리 가루
- 닭고기 양념 _ 간장 6T, 미림 3T, 정종 2T, 설탕 2T
- 타르타르 소스 _피클 다짐 1/4컵, 양파다짐 1/2컵, 마요네즈 1/2컵, 설탕 1/2T, 식초 1T, 후추 약간 (약10인분 분량)

① 닭다리 살덩어리의 기름기를 제거하고 칼집을 넣는다.

② 소금, 후추를 뿌리고 닭고기 양념에 1시간 정도 재워둔다(완성된 데리야끼 치킨에 부을 양념장을 한 숟가락 남겨둔다).

③ 양파와 양배추를 얇게 썬다.

④ 프라이팬에 기름을 살짝 두르고 닭고기를 양념을 부어가며 노릇노릇하게 구워낸다.

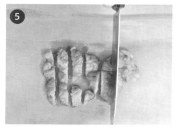
⑤ 구워낸 치킨을 세로로 한입 크기로 썬다.

⑥ 그릇에 밥을 담고 그 위에 절반은 데리야끼 치킨을 1/4는 양파채, 1/4는 양배추를 올린다.

⑦ 야채 쪽에는 타르타르소스를 뿌린 후 파슬리 가루를 살짝 뿌려준다. 한 숟갈 남은 닭고기 소스는 치킨위에 뿌려준다.

연우의 요리 . TIP

손질한 닭다리살을 우유에 재워놓으면 살이 더욱 부드럽고 닭의 비린내를 제거해준다.

츠케
마구로동

간장절임참치덮밥

간장게장만 밥도둑이 아니라 여기 대도가 또 있다. 바로 간장에 절인 참치 츠케마구로이다.
간마, 계란반숙, 김가루와 함께 먹으면 색다른 별미의 신세계가 펼쳐진다.

⏰ • 시간 : 10분
　　(참치절임시간 제외)
🍜 • 량 : 1인분

참치회 140g, **밥** 1공기, **김** 조금, **와사비** 5g, **쪽파** 조금
• 양념간장 _ **간장** 5T, **미림** 2T, **정종** 2T,

양념간장에 참치를 담근다.
통으로 담그면 40분, 잘라서
담그면 10분 동안 냉장고에
넣어둔다.

양념장을 한 번 더 뿌려준다.
와사비를 곁들어서 먹는다.

간장에 절여진 참치를 한입
크기로 썬다.

밥 위에 얇게 자른 김을
뿌린다.

그 위에 참치를 빙 돌려가며
올린다.

에
비
동

에비동

새우튀김덮밥

새우튀김을 좋아하는 분이라면 두말할 것 없이 에비동을 선택할 것이다. 가게에서
새우를 좋아하는 분에게 5개까지 추가로 만들어 드린 적도 있다.

- 시간 : 20분
- 량 : 1인분

새우튀김 2개, **계란** 2개, **튀김가루, 빵가루, 밥** 1공기, **양파** 1/4개, **돈부리 소스**
- **돈부리 소스 _ 다시마육수** 150cc, **간장** 2T, **미림** 4T, **설탕** 1/2T

해동한 새우를 튀김가루, 계란,
빵가루 순서로 입힌 후,
170도에서 1분 20초 동안
튀겨낸다.

노른자를 2번 정도 찌른
계란을 새우 위에 올린다.

양파를 0.5cm 두께로 썰어서
준비한다.

뚜껑을 덮고 계란을 익힌다.

연우의 요리 . TIP

계란은 반숙으로 덜
익은 듯해야 더 맛있는
돈부리가 완성된다.

냄비에 돈부리 소스와 양파를
넣고 양파가 투명해질 때까지
끓인다.

덮밥 그릇위에 담겨 있는 밥
위에 완성된 돈부리를 살포시
담아낸다.

양파가 익으면 그 위에
새우튀김을 올린다.

덮밥 모양을 잘 잡아주고 무순
등으로 장식한다.

06

치킨
가라아게동

치킨 가라아게동

닭튀김덮밥

일본 튀김은 튀김재료 주변에 꽃을 피운 것처럼 바싹바싹 튀김옷들이 붙어있어서 튀김을 더욱 바싹하게 즐길 수가 있다. 돈가스도 거친 습식 빵가루를 사용해서 볼륨감이 있다. 하지만 가라아게는 '가라(거짓)'라는 의미로 전분만 붙여 튀겨서 치킨튀김 주변이 밋밋해지기 때문에 '가라아게'라고 불린다. '아게'는 '튀김'이라는 뜻이다.

- 🕐 · 시간 : 25분
- 🥣 · 량 : 1인분

닭다리살 140g, **밀가루** 1T, **녹말가루** 1T, **간장** 1T, **미림** 3T, **후추**, **대파**, **양파** 1/4개, **밥** 1공기
· 돈부리 소스 _ **다시마육수** 150cc, **간장** 2T, **미림** 4T, **설탕** 1/2T

① 뼈를 발라놓은 닭다리살의 껍질을 벗기고 한 입 크기로 5~6조각으로 썬다.

② 간장 1T, 미림 3T, 후추에 재워 놓는다.

③ 밀가루, 녹말가루에 묻힌다.

④ 165도에서 2분간 튀긴 후 185도에서 1분간 튀겨낸다.

⑤ 냄비에 돈부리 소스와 0.5cm 두께로 썬 양파를 넣고 양파가 투명해질 때 까지 끓인다.

⑥ 양파가 익으면 그 위에 계란을 올려서 반숙으로 익힌다.

⑦ 그릇에 밥을 담고 그 위에 튀긴 닭을 올린다.

⑧ 계란소스(6번)를 올리고 채 썬 대파를 올려 마무리 한다.

가츠동

돈가스덮밥

돈부리나베(1인용 냄비)에 달콤한 간장 소스와 양파를 졸여서, 그 위에 돈가스 튀김을 올리고 계란을 올려서 반숙으로 만들고, 따뜻한 밥 위에 담아내면 맛있고 든든한 가츠동이 완성된다.

 • 시간 : 20분

• 량 : 1인분

돼지고기 등심 150g, **계란** 1개, **튀김가루**, **빵가루**, **밥** 1공기, **양파** 1/4개
• **돈부리 소스** _ **다시마육수** 150cc, **간장** 2T, **미림** 4T, **설탕** 1/2T

돈등심에 칼집을 내주고 소금과 후추를 약간씩 뿌려준다.

연우의 요리 . TIP

돈등심은 후추와 소금으로 밑간을 해놓는다. 이때 바질도 함께 넣으면 누린내를 잡아주고 입맛을 돋구어준다.

돈등심에 밀가루, 계란, 빵가루 순서로 입힌다.

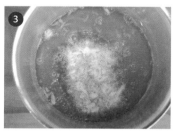

170도의 기름에서 2분 10초 동안 튀겨낸다.

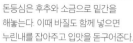

튀겨낸 돈가스를 한 입 크기로 자른다.

냄비에 돈부리 소스와 0.5cm 두께로 썬 양파를 넣고 양파가 투명해질 때 까지 끓인다.

양파가 익으면 그 위에 튀겨놓은 돈가스를 올린다.

계란의 노른자를 2번 정도 찌른 뒤 돈가스 위에 계란을 올린다. 뚜껑을 덮고 계란을 살짝 익힌다.

덮밥 그릇에 담겨 있는 밥 위에 완성된 돈부리를 살포시 담아낸다.

오늘은 행복한 요리사

회덮밥

일본에서는 지라시스시가 있지만 우리나라처럼 초고추장을 넣지도 않고 비벼서 먹지도 않으니, 회덮밥은 생선살이 들어간 비빔밥이라고 해야한다. 일본에서는 음식의 모양을 유지하며 따로 따로 본연의 맛을 즐기며 음식을 먹는다. 돈부리나 지라시스시는 비비지 않고 먹으면서, 싱거우면 위에 있는 재료들을 많이 먹고, 짜면 아래 밥을 많이 먹으면서, 위아래를 따로 먹는 것이 더욱 맛있게 먹을 수 있는 방법이다.

 · 시간 : 30분

· 량 : 1인분

밥 1공기, **회**(연어, 참치, 활어), **오이**, **양배추**, **당근**, **깻잎** 등 신선한 야채, **초고추장**, **계란말이**, **무순**
· 초고추장 재료 _ **고추장** 1T, **식초** 1.5T, **설탕** 0.5T,
　　　　　　　　사이다 0.5T, **올리고당** 0.5t, **매실액** 0.5t

회를 작은 주사위 모양으로 썰어준다.

오이, 당근, 양배추, 깻잎은 채로 썬다.

그릇에 밥을 담고 그 위에 야채들을 올린다.
양상추, 어린 잎 등은 한 입 크기로 잘라 올려준다.

회, 계란말이, 무순을 올린다.
초고추장, 참깨, 참기름을 곁들여서 완성한다.

연우의 요리 . TIP

가게에는 샐러드 야채와 계란말이 등이 항상 준비되어 있지만 집에서 만들 때는 간편하게 냉장고에 있는 양파, 당근, 상추 등 일상적인 야채들을 사용하고 계란말이대신 계란지단을 사용하면 쉽고 빠르게 요리 할 수 있다.

삼색덮밥

닭고기 야키토리를 메인으로,
스크럼블 에그와 청경채 볶음을 함께 담아낸다.
꼬치구이 덮밥이라고도 한다.

• 야키토리

'야키'(焼き, 굽다), '토리'(鳥, 닭)는 말 그대로 '닭고기를 구웠다'라는 뜻이다.
이 외에 참새 등의 작은 새를 꼬치에 꿰어 통째로 구운 것도 '야키토리'라고 부른다.

• 타레 (たれ)

야키토리에는 일반적으로 간장과 미림, 설탕을 배합해서 만든 소스인 '타레'를 발라 먹는다. 간장에는
글루타민산이 풍부히 함유되어 있고 닭고기에는 이노신산이 함유되어 있기 때문에 이 둘의 상승효과로 감칠맛이
증가한다. 야키토리를 구울 때에는 설탕이나 미림의 당분과 가열된 간장이 반응하여 '멜라노이딘'이라는 향미
물질이 생기는데, 이 물질에 의하여 닭고기의 잡냄새가 제거되고 입맛을 돋우는 맛과 향이 살아나게 된다.
야키토리를 맛있게 굽기 위해서는 꼬치에 끼운 닭고기를 타레에 담가 적신 후 굽는 과정을 여러 번 반복하는데, 이
때 닭고기의 기름이 타레에 유화되어 타레의 짠맛이 부드러워지고 고기 맛을 더욱 좋게 한다. 둘이 아닌 셋이라
더욱 예쁘고 맛과 색감에서 완벽한 조화를 이룬다. 닭, 청경채, 계란, 하나하나를 쉽고 간단한 조리법으로 맛스럽고
멋스러운 요리를 완성해서 뽐낼 수 있다.

🕐 • 시간 : 35분

🥣 • 량 : 1인분

닭다리 살 한 덩이, **파** 1개, **청경채** 2~3송이, **마늘** 1알, **계란** 2개, **밥** 1공기, **우유** 150ml, **소금**, **후추**

• 돈부리 소스
굴소스 1T, **간장** 1/2T, **설탕** 1/2T,

• 야키토리타레
간장 3T, **미림** 3T, **설탕** 1T

• 스크램블 에그
계란 2개, **우유** 1/3컵, **소금**, **설탕**,
버터, **후추** 약간

① 야키타토레를 프라이팬에 넣고 졸인다.

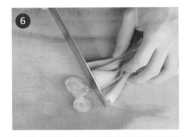

② 닭고기를 6조각으로 썰어서 우유, 소금, 후추에 재운다.

③ 파는 4cm 길이로 4개 준비한다. 닭고기 3조각과 파 2조각을 꼬치에 끼운다.

④ 약한 불에 15분간 천천히 노릇노릇하게 익히다가 타레를 바르면서 약한 불에서 5분간 속까지 충분히 더 익힌다.

마늘은 편으로 썬다.

⑥ 청경채는 꼭지부분을 자른다.

⑦ 기름에 마늘 편을 넣어서 볶다가 청경채를 넣고 양념을 넣어서 강한 불에 볶아낸다.

⑧ 스크램블 에그를 준비한다.

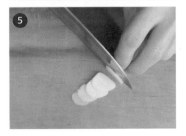

⑨ 접시에 밥을 깔고 그 위에 왼쪽부터 청경채, 야키토리, 계란을 담아낸다.

연우의 요리 . TIP

• 청경채 볶음은 강한 불에 볶아야 물이 생기지 않는다.
• 스크램블 에그 : 프라이팬 위에 버터를 올려놓고 중약불로 녹인 후 설탕, 소금, 우유, 계란을 잘 섞어 넣어준다. 부드러운 주걱으로 계란이 익은 듯 안 익은 듯한 느낌이 들 때까지 잘 저어준 다음 불을 끄고 접시에 담아준 다음 후추 가루를 약간 뿌린다.
• 검은색, 초록색, 노란색의 색감을 조화롭게 유지하며 다양한 식재료들을 사용해서 나만의 삼색덮밥을 만들어보자.

규니쿠 카레라이스

소고기카레

일본 친구네 방문했을 때 친구 어머니께서 카레를 전날부터 끓여서 다음날 주시는 걸 보며, 우리나라에서 곰탕을 끓이듯이 신경을 많이 써야하는 정성스런 음식이라는 것을 알게 되었다. 라면과 카레가 인스턴트인 우리에게는 일본라면과 카레는 새로운 접근이었다. 요리사가 피곤할수록 음식은 맛있다는 진리를 다시 한 번 깨달을 수 있었다.

⏰ • 시간 : 35분

🍲 • 량 : 2인분

소고기 100g, **감자** 1/2개, **당근** 1/4개, **양파** 1/2개, **계란** 2개, **밥** 2공기, **물** 400cc, **우유** 100cc, **카레루** 2조각, **버터** 1조각, **소금** 1t, **후추** 약간, **정종** 2T

소고기는 한입 크기로 썰어서 찬물에 담가서 10분정도 핏물을 제거한다.
시간이 없을 때는 키친타올로 톡톡 두들겨서 제거한다.

물을 빼고 소고기에 소금, 후추, 정종을 넣고 조물조물 섞어준다.

당근, 감자, 양파를 한입 크기로 썰어준다. 기름을 두르고 양파가 갈색이 나도록 볶다가 버터를 넣고 소고기, 감자, 당근도 함께 볶는다.

물 200cc 를 넣고 중간 불에서 10분간 끓여 준다.
감자와 당근이 다 익어 갈 때쯤 카레루 2조각과 물 150cc를 더 넣고 끓인다.

마지막으로 우유 100cc를 넣고 농도를 맞춘 후 마무리한다.

밥과 반숙 계란프라이와 함께 담아낸다.

연우의 요리 . TIP

카레에 우유를 넣으면 부드럽고 풍미가 좋아지지만 변질되기 쉬우므로 주의해야 한다. 양파가 타지 않고 갈색이 되도록 약한 불에서 충분히 볶아준다. 그러면 양파에서 깊은 단맛이 난다.

치즈
고로케카레

튀긴 재료는 무엇이든지 카레와 잘 어울린다. 돈가스, 새우튀김, 치킨도 잘 어울리지만 개인적으로 고로케 카레가 가장 좋아하는 메뉴이다. 고로케를 잘라서 으깬 감자를 카레와 비벼서 밥 위에 올려먹으면 그 맛이 금상첨화이다. 여기에 치즈코로케 카레로 만들어 먹으면 환상의 커플이 완성된다.

🕐 • 시간 : 40분

🍚 • 량 : 2인분

감자3개, 당근 1/4개, 양파 1/2개, 옥수수콘 2T, 모짜렐라 치즈 100g, 계란 2개, 튀김가루, 빵가루, 식용유, 밥 2공기, 물 400cc, 카레루 2조각, 버터 1조각, 소금1t, 후추 약간, 설탕 2T, 마요네즈 1T

1 감자는 물로 씻어서 껍질째로 20분간 삶아낸다. 잘 익도록 잘라도 된다.

2 당근, 양파를 다져서 버터에 볶아낸다.

3 삶은 감자 껍질을 벗기고 으깬 후에 볶은 당근, 양파, 옥수수콘, 소금, 설탕, 후추를 넣고 마요네즈와 섞는다.

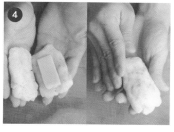

4 재료를 골고루 잘 섞은 후에 으깬 감자 사이에 치즈를 넣고 위를 다시 덮어 줘서 모양을 잡는다.

5 모양을 완성한 후 튀김가루, 계란, 빵가루 순으로 묻혀 175도의 기름에 노릇노릇하게 튀긴다.

7 양파와 당근을 한입 크기로 썬 후 양파를 충분히 갈색이 되도록 버터에 볶다가 당근도 함께 볶아준다. 물 200cc를 넣고 중간 불에서 10분간 끓여준다.

8 당근이 다 익어갈 때 카레루 2조각과 물 150cc를 넣고 끓인다. 밥과 카레를 담고 고로케를 가운데 올리고 옥수수콘과 쪽파로 마무리한다.

연우의 요리 . TIP

튀김온도를 측정하는 방법은 튀김옷을 끓는 기름에 넣었을 때 바닥에 닿고 떠오르면 160도, 2/3지점에서 올라오면 170도, 표면에서 바로 떠오르면 180도 이상이다. 바삭한 일식튀김은 175도에서 내용물을 튀겨야 하는데, 집에서는 기름양이 적어서 튀김을 기름에 넣으면 쉽게 온도가 내려가게 되어 바삭하지 않게 튀겨진다. 기름양이 많거나 기름양이 적으면 튀김도 조금씩 넣어서 튀겨주면 바삭한 튀김이 완성된다.

가끼아게
카레

양파새우튀김 카레

잘게 썬 여러 야채들을 뭉쳐서 튀긴 야채튀김인 가끼아게를 올린 카레음식이다.
양파와 당근을 기본으로 해서 새우, 우엉, 참나물 등을 같이 썰어서 튀기면 색감도 예쁘고 영양가도 높아지는
가끼아게가 완성된다.

⏰ • 시간 : 30분

🍲 • 량 : 2인분

튀김용 새우 6마리, **당근** 1/4개, **양파** 1/2개, **튀김가루** 6T, **물** 2T, **식용유**, **밥** 2공기,
물 400cc, **카레루** 2조각, **버터** 1조각

① 양파 당근을 적당한 굵기로 채 썰어서 준비한다.

② 채 썬 야채와 튀김용 새우에 튀김가루와 물2T를 넣어서 섞어준다.

③ 튀김 망을 기름에 넣었다 빼서 코팅을 시켜준다.
온도가 같아지면 야채가 튀김 망에 안 붙는다.

④ 튀김재료를 튀김 망에 올려 175도 기름에 넣은 후 살짝 떼어준다.

⑤ 당근, 양파를 한입 크기로 썰어준다. 기름을 두르고 양파가 갈색이 나도록 볶다가 버터를 넣고 당근도 함께 볶아준다. 물 200cc 를 넣고 중간 불에서 10분간 끓어 준다. 당근이 다 익어 갈 때쯤 카레루 2조각과 물 150cc를 더 넣고 끓인다.

⑥ 그릇에 밥과 카레를 담고 튀김을 올려서 마무리 한다.

연우의 요리 . TIP

튀김 건지기를 이용하여 새둥지처럼 야채튀김을 만든다. 우엉, 고구마도 함께 채 썰어 사용해도 좋다.

함박
스테이크

비주얼과 간단함을 동시에 갖춘 초대 음식으로 강력추천 메뉴이다. 고기와 소스 위에 계란반숙 그리고 알록달록 샐러드가 비주얼 최강이다. 더욱이 이 모든 것이 원 플레이트에 담긴다는 매력이 있다. 파티가 끝나고 설거지가 접시 하나라는 어마어마한 매력에 함박 스테이크를 사랑할 수밖에 없다.

🕐 • 시간 : 30분

🍲 • 량 : 2인분

- **소고기 다짐육** 150g, **돼지고기 다짐육** 150g, **계란 1개**, **우유** 3T, **양파** 1/4개, **빵가루** 1/2컵, **미림** 2T, **소금 약간**, **후추 약간**
- **소스 _ 버터** 1/2T, **양파** 1/4개, **돈가스 소스** 5T, **케찹** 3T, **굴소스** 1T, **물엿** 2T, **물** 3T

① 페이퍼 타올을 이용해 고기의 핏물을 제거한 후 소금, 미림, 후추로 밑간을 해둔다.

② 양파를 다져서 팬에 갈색이 나도록 볶아서 식힌 후 고기, 우유, 계란, 빵가루와 함께 볼에 넣어 잘 치대준다.

③ 반죽된 재료들을 모양을 잡아준다.

연우의 요리 . TIP

돼지와 소고기의 비율은 자유롭게 할 수 있으며, 돼지고기를 섞는 이유는 돼지의 지방으로 인해 부드러운 맛을 낼 수 있기 때문이다.

④ 팬에 식용유를 두르고 중간 불에서 2분, 뒤집어서 2분 정도 양면이 노릇노릇하게 익힌 후, 물 100㎖를 넣고 뚜껑을 덮은 후 약한 불에서 8분정도 쪄 서 속까지 익힌다.

⑤ 꼬치로 찔러서 핏물이 묻어나지 않으면 속까지 잘 익은 상태이다.

⑥ 소스용 양파를 채 썬 후 버터를 넣고 프라이팬에서 볶다가

⑦ 소스 양념들을 넣고 살짝 끓여낸다.

⑧ 그릇에 담아 소스를 담아내고 계란, 밥, 야채, 코울슬로 샐러드 등과 함께 곁들어 먹는다.

14
오므라이스

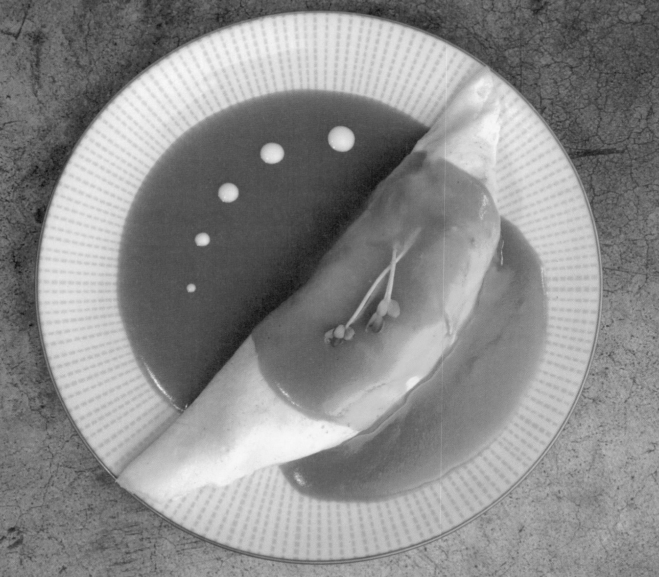

오므라이스

어릴 적 어머니가 케첩에 비빈 볶음밥을 지단으로 덮어서 자주 해주셨다. 그 밥이 바로 오므라이스였다.
지단이 아닌 반숙 오믈렛에 데미글라스 소스로 마무리한 오므라이스는 누구나 사랑하는 요리가 되었다.
오믈렛과 밥(라이스)의 합성어 오므라이스 정말 일본다운 언어조합과 음식인 것 같다.

• 시간 : 20분

• 량 : 1인분

• **계란** 2개, **피망** 1/4개, **당근** 1/8개, **양파** 1/4개, **밥** 1공기, **케첩** 2T
• **데미그라 소스** _ **버터** 1T, **밀가루** 1T, **케첩** 1T, **간장** 2T, **설탕** 1T, **식초** 1T, **물**1컵, **후추**

1. 팬에 버터를 녹인 후 밀가루를 넣어서 브라운 루를 만든다.

2. 나머지 소스 재료를 넣어서 졸이면 데미그라 소스가 완성된다.

3. 야채 재료들을 다진 후 팬에 기름을 두르고 재료들을 단단한 순서로 넣어서 볶는다. 재료들의 숨이 죽으면 밥과 케첩을 넣고 볶는다.

4. 계란 2개를 그릇에 풀어둔다. 팬에 기름을 두르고 키친타올로 팬 전체에 기름이 골고루 묻게 한 후 기름방울이 남지 않게 닦아낸다.

5. 팬을 달군 후 계란 물을 부어서 몽글몽글하게 뭉칠 때 까지 (약 20초) 젓가락으로 천천히 저어준다.

6. 계란의 바닥부분만 익은 반숙상태일 때 볶음밥을 얹고 뒤집개를 사용하여 감싸듯이 계란부침을 덮는다.

7. 계란으로 감싼 볶음밥을 팬의 측면으로 민 뒤 계란이 덮이지 않은 밥 부분에 접시를 가까이 댄 후

8. 팬을 뒤집어서 그릇에 럭비공 모양으로 예쁘게 담아낸다. 소스를 부어서 완성한다.

chapter **two**

02

롤·초밥 &
주먹밥

스시(초밥)는 생선 재료와 초밥의 민감한 균형이
중요한 음식이다. 생선의 선도가 중요하지만
아무리 좋은 재료를 사용해도 만드는 사람이
생선을 자르는 기술, 밥알을 쥐는 방법에 따라
맛이 달라지는, 고도의 기술이 필요한 요리이다.

01

사케 &
아부리사케 스시

사케 &
아부리사케 스시

- 시간 : 20분
  (연어숙성시간 제외)
- 량 : 1인분

생연어 & 구운연어 초밥

초밥을 만들 때 모양에 지나치게 신경을 쓰느라 손에서 밥을 오래 만지면 찰기가 생겨서 매력 없은 초밥이 된다. 그렇다고 너무 엉성하게 살살 만들면 간장에 찍거나 집을 때 밥알이 부서지기 쉽다. 속은 부드럽지만 겉은 단단한 내유외강 밥알을 쥐어야 한다. 연어는 광어, 도미처럼 흰살 생선보다 기름기가 많아서 매운 맛이 흡수되므로 와사비를 넉넉히 넣어줘서 만들어야 한다.

- **생연어** 200g, **초밥, 와사비, 대파, 다시마**
- **초밥초 _ 밥 한 공기에 설탕, 식초, 소금을** 3t : 2t : 1t **비율로 약한 불에서 녹인 후 다시마와 레몬즙을 넣는다.**
- **아부리 소스 _ 돈부리 소스 : 물엿** = 1:2

손질된 연어를 5분 정도 물에 불린 다시마로 싸서 청주를 살짝 뿌려 냉장고에서 1시간 동안 숙성한다.

연어를 꺼내 다시마를 벗겨내고 도마와 45도 각도로 도마 위에 올려놓는다.

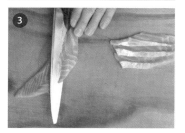

칼을 눕혀 저미면서 생선의 폭과 두께를 조절한다.

두께 2~3mm 길이 10cm 정도로 동일한 크기로 썰어 준비한다.

금방 지은 따뜻한 밥에 초밥 초를 넣어 주걱을 세워 잡고 빠르게 자르듯이 섞는다.

초밥을 뭉치기 전에 레몬을 띄운 물을 손바닥에 찍고 묻힌다.

손바닥을 쳐서 양손이 다 촉촉하게 만든다. 초밥을 만들 동안 손이 항상 촉촉해야 한다.

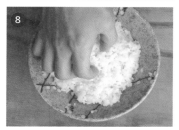

밥알이 으깨지지 않게 밥을 긁어서 모은다.

063

9 밥의 양은 취향에 맞게 알맞게 쥐고 크기를 동일하게 만들어 준다.

13 엄지로 살짝 돌려서 뒤집는다.

10 생선을 손끝으로 잡아 다른 손의 손가락과 손바닥 경계선 부분에 올려 놓는다.

14 초밥 양쪽 끝을 잡아줘서 볼록한 보트(배) 모양을 만들어 완성한다.

11 검지로 와사비를 찍어서 연어 가운데에 묻힌다.

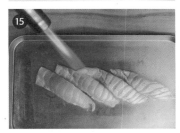

15 **구운 연어초밥** : 연어초밥의 윗부분을 토치로 굽는다.

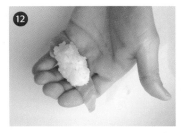

12 만들어 둔 초밥을 얹는다.

16 **구운 연어초밥** : 아부리소스를 뿌리고 취향에 따라 대파를 올린다.

연우의 요리 . TIP

• 초밥 초를 넣은 후 부채질하며 밥을 빨리 식혀야 밥이 질어지지 않는다.
• 초밥을 맛있게 하려면 손으로 만지는 시간이 적어야 한다.
• 초밥의 3대 요소는 크기, 부드러움, 균형이다.
  알맞은 크기를 갖추면서 부드러운 감촉을 유지하고 초밥과 재료와의
  균형이 잡혀야 한다.

• 초밥을 먹는 순서는 흰살생선(도미, 광어) ▶ 붉은살생선(참치, 연어)
  ▶ 비생선류(문어, 조개, 새우) ▶ 등푸른 생선(고등어, 청어) ▶ 양념된
  생선(장어, 간장새우) 정리하면 간이 약한 것부터 센 것 순서로 먹는다.
  초밥과 초밥 사이에 먹는 장국, 초생강은 입안을 마무리하고 새로운
  생선 맛에 집중되도록 돕는다.

오늘은 행복한 요리사

스테이크 초밥

소고기 초밥

초밥에는 생선만 있는 것이 아니다. 소고기를 이용한 스테이크 초밥도 있고 두릅, 팽이버섯, 아보카도, 무순 등을 이용한 야채초밥도 있다. 스테이크 초밥의 소고기는 구이용으로 사용되는 부위들을 쓸 수 있다.

- ⏰ · 시간 : 20분
- 🍲 · 량 : 1인분

• 소고기 200g, 초밥, 와사비, 양파, 무순, 데리야끼 소스

1 소금과 후추로 소고기를 재운다.

2 양파를 얇게 채 썰고 무순도 준비한다.

3 고슬고슬하게 지은 밥에 초밥 초를 넣고 섞는다.

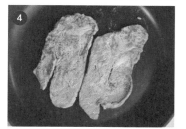

4 소고기를 미디엄으로 맛있게 굽는다.

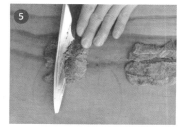

5 구운 소고기를 2mm 두께로 크기가 일정하게 썰어서 준비한다.

6 썰어둔 고기에 와사비를 바르고 초밥을 얹고 뒤집어서 볼록한 배 모양으로 만들어 스테이크 초밥을 완성한다.

7 채 썬 양파와 무순을 올리고 데리야끼 소스를 뿌려서 완성한다.

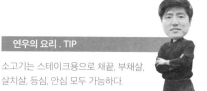

연우의 요리 . TIP

소고기는 스테이크용으로 채끝, 부채살, 살치살, 등심, 안심 모두 가능하다.

스파이시
살몬 롤

⏰ • 시간 : 30분

🍚 • 량 : 1인분

이건 일식집에서 이익이 큰 메뉴이다. 생선을 손질할 때 아무리 기술이 뛰어나도 생선뼈 주위에 살이 붙어있기 마련이다. 참치나 연어를 손질하고 나면 숟가락으로 뼈에 남아있는 살들을 알뜰살뜰 모아서 다지면 롤, 군함, 마끼에 사용할 수 있다.

• **연어살, 오이** 1/3개, **양파** 1/8개, **김** 2/3장, **초밥** 1/2공기, **와사비, 스윗칠리 소스**
• **스윗칠리 소스** _ **칠리소스** 150cc, **꿀** 2T, **굴소스** 2t, **설탕** 1t, **고춧가루** 1/2t, **후추** 약간

연어 살을 잘게 썰어서 스윗 칠리소스에 무친다.

재료를 한 번에 덮어서 내용물의 끝부분까지 당겨지도록 감아서 만다.

오이와 양파는 채 썰어서 준비한다.

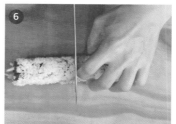

랩으로 감싼 김발로 모양을 잡아준다. 완성된 마끼는 반으로 먼저 자른다.

김 위에 초밥을 편다.

그다음 양쪽을 반으로 자르고 한 번 더 반으로 잘라서 총 8등분 한다.

뒤집어서 와사비를 가운데에 바르고 연어 살, 오이, 양파를 올린다.

마끼 위에 연어 스윗 칠리소스를 올리고 양파와 무순, 날치 알 등을 올려서 마무리 한다.

돈가스 롤

돈가스 롤

돈가스 카레, 돈가스 나베, 돈가스 샌드위치 등 돈가스가 들어간 음식은 실패가 없다.
속 재료에 바싹바싹한 튀김이 있어서 더욱 맛있는 롤을 함께 만들어 보자.

🕐 • 시간 : 30분

🍲 • 량 : 1인분

• **튀긴 돈가스, 오이** 1/3개, **맛살**1개, **아보카도**1/8개, **김** 2/3장, **초밥** 1/2공기,
마요네즈 1/2T, **검정깨, 와사비, 돈가스 소스**

튀긴 돈가스를 길게 자르고
아보카도는 얇게 썰어준다.

오이는 채 썰고 맛살은 다진 뒤
마요네즈에 버무린다.

김 위에 초밥을 펴고 깨를
뿌린다.

뒤집어서 와사비를 길게 한
줄로 바르고, 그 위에 준비된
재료를 올린다.

재료를 한 번에 덮어서
내용물의 끝부분까지
당겨지도록 감아서 만다.

랩으로 감싼 김발로 모양을
잡아준다.

완성된 마끼는 8등분한다.
돈가스 소스를 뿌려 완성한다.

연우의 요리 . TIP

초밥 초를 만들 때 소금과 설탕은 완전히
녹인 후 사용해야 한다.
대량으로 초밥 초를 만들 때는 약한
불에서 저으면서 녹인다.

05

캘리포니아롤

072

롤 · 초밥 & 주먹밥

캘리
포니아 롤

미국 캘리포니아에서 개발된 김밥이다. 생선, 야채, 과일 등 다양한 재료를 사용하여
유럽과 미국 등 서구인의 입맛에 맞게 변형된 초밥의 일종이다.
캘리포니아 지방에서 풍부하게 생산되는 아보카도를 사용하는 것이 특징이다.

• 시간 : 30분

• 량 : 1인분

• **계란말이**, **오이** 1/3개, **맛살**1개, **아보카도**1/8개, **날치 알**, **김** 2/3장, **초밥** 1/2공기,
마요네즈 1/2T, **검정깨**, **와사비**

오이는 채 썰고 맛살은 다진 뒤
마요네즈에 버무린다.

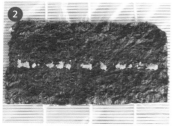

김 위에 초밥을 펴고 와사비를
바른다.

준비된 재료를 올린다.

재료를 한 번에 덮어서
내용물의 끝부분까지
당겨지도록 감아서 만든다.

완성된 마끼의 반을 먼저
자른다.
반으로 잘라진 마끼를 각각
반으로 또 자른다.

4조각의 마끼를 또 각각
반으로 잘라 8조각으로
만든다.

날치 알을 마끼 위에 올린다.

연우의 요리 . TIP

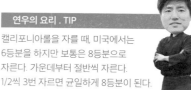

캘리포니아롤을 자를 때, 미국에서는
6등분을 하지만 보통은 8등분으로
자른다. 가운데부터 절반씩 자른다.
1/2씩 3번 자르면 균일하게 8등분이 된다.

오늘은 행복한 요리사

06

콘스그로우 롤

콘스로우 롤

횟집에 가면 만나는 콘버터를 토핑으로 올린 롤이다. 롤은 김이 안쪽에 들어간
누드김밥과 같은 모양인데, 서양인들은 김의 느낌을 낯설어하고 싫어해서
거꾸로 말기 시작했다는 이야기가 전해진다.

🕐 • 시간 : 20분

🍲 • 량 : 1인분

• 오이 1/3개, 맛살1개, 아보카도1/8개, 김 2/3장, 초밥 1/2공기, 검정깨, 와사비
• 콘 소스 _ 캔 옥수수 3T, 마요네즈 3T, 우유 2T, 설탕 1T

1. 다진 옥수수에 마요네즈, 설탕,
우유를 넣고 잘 섞어 콘 소스를
만든다.

2. 오이는 채 썰고 맛살은 다진 뒤
마요네즈에 버무린다.

3. 아보카드는 가운데 씨를
중심으로 한 조각 잘라낸다.

4. 껍질은 깎아주고 얇게 한 번 더
썰어준다.

5. 김 위에 초밥을 펴고 뒤집어서
와사비를 바른 오이, 다진
맛살, 아보카드를 넣고 만다.

6. 롤을 8조각으로 자르고 롤
위에 콘 소스를 올린 후 토치로
구워 마무리 한다.

연우의 요리 . TIP

일반적인 롤은 8조각 이지만 생선에
따라 달라지는 초밥의 밥알 양처럼
속재료와 밥의 양의 조화에 따라
얇은 롤은 4등분, 6등분하기도 한다.

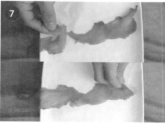

7. 롤과 함께 장식할 적색
초생강을 끝부분이 겹치도록
한 장씩 접시에 펼쳐준다.

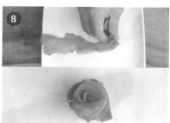

8. 맨 처음 초생강의 끝부분부터
한 방향으로 말아주면 예쁜
장미꽃이 완성된다.

오늘은 행복한 요리사

야키 오니기리

구운 주먹밥

구운 주먹밥. 미소 소스를 바르면서 양면을 골고루 구워서 먹으면 은은한 미소향이 퍼지는 꼬들꼬들 누룽지를 먹는 기분이 든다.

- 시간 : 20분

- 량 : 1인분

- **밥** 1공기, **깨** 1T, **참기름** 1T, **소금** 0.5t
- **소스 재료 _ 미소된장** 1T, **간장** 1T, **설탕** 1T, **미림** 1T,

미소된장, 간장, 설탕, 미림을 잘 섞어서 소스를 만든다.

밥에 깨, 소금, 참기름을 넣고 고루 섞어 준다.

찬물에 적신 손으로(또는 위생장갑을 끼고) 삼각형 모양의 주먹밥을 만든다.

기름을 두르지 않은 프라이팬을 달군 후에 주먹밥의 양면을 노릇하게 굽는다.

노릇해진 주먹밥 양면에 소스를 바르고 불을 끄고 예열로 구워준다. 소스때문에 금방 탈 수 있으므로 주의한다.

누룽지 맛과 향이 나는 주먹밥을 그릇에 담아낸다. 고명으로 취향에 맞게 김 가루, 명란젓, 쪽파, 볶은 야채 등을 올려서 먹어도 좋다.

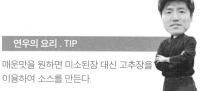
연우의 요리 . TIP
매운맛을 원하면 미소된장 대신 고추장을 이용하여 소스를 만든다.

08

명란
오니기리

명란 주먹밥

밥과 다양한 재료를 사용해서 만드는 오니기리는 재료나 만드는 방법에 제한이 없어서 각양각색의 주먹밥이 있다. 재료를 밥 속에 넣거나, 겉에 바를 수도 있다. 만드는 사람의 개성에 따라 맛과 모양이 달라지는 매력이 있는 오니기리를 일본에서 '소울 푸드'(soul food)라고 말하는 이유는 여기에 있다.

 · 시간 : 15분

 · 량 : 1인분

· **밥** 1공기, **명란** 40g (한 덩이), **참깨** 2T, **김** 1장

① 명란 1덩이를 껍질을 벗기고 전자레인지에 1분간 돌린다.

② 밥에 참깨 간 것을 넣고 잘 섞는다.

③ 비닐 랩을 30cm 길이로 잘라서 밥공기에 깔고 공기의 절반까지만 밥을 담는다. 그 위에 명란 알을 밥 한가운데에 올린다.

④ 나머지 밥을 올려 명란 알을 덮는다.

⑤ 비닐 랩의 끝을 모아 쥐고 밥을 공기에서 꺼낸다.

⑥ 밥을 삼각형 모양으로 잡아준다.

연우의 요리 . TIP

한 손에 밥을 얹고 다른 한손을 'ㄱ'자로 만들어 밥을 감싸듯이 삼각형을 만든다.

⑦ 김을 삼각 김밥 크기에 맞추어 길게 자른다.

⑧ 그릇에 물을 준비해서 손에 물을 적셔가며 비닐 랩에서 꺼낸 밥을 삼각모양으로 한 번 더 잡아준다. 자른 김을 삼각 김밥에 감싸서 완성한다.

연어
손질

재 료

- **생연어** (생연어는 일반적으로 노르웨이산을 사용하는데, 현지에서 잡자마자 깔끔하게 내장을 제거한 후 연어여권을 받고 항공편으로 36시간 내에 우리에게 전해진다. 연어여권에는 연어의 무게, 자란 양식장, 어디서 생산가공 되었는지까지 자세하게 기록되어 있어서 안심하고 드실 수 있다.)

- **호네누키** (핀셋)

연우의 요리 . TIP

오메가3, 비타민D, 마그네슘이 풍부한 슈퍼 푸드인 연어의 꼬리살은 파스타, 스테이크용으로 사용되고 나머지는 초밥, 덮밥, 롤 등으로 사용된다. 뱃살은 적은양이 나오는 고급 부위로 기름기(불포화 지방)가 많아서 부드럽고 맛이 좋다. 고급회로 먹을 때는 소금과 설탕을 2:1 비율로 맞추어서 2시간 정도 연어에 발라 놓았다가 물로 씻어서 소금, 설탕을 떼어낸 후 백포도주에 2시간 담갔다가 건져서 물기를 닦아 사용 한다.

연어의 비늘을 제거하고
도마에 올려놓는다.

머리와 몸통을 분리한다.

몸통 가운데
뼈와 살을 분리한다.

분리된 연어 1/2을 도마에
올려둔다(한쪽 살만
사용하고 보관할 때는
공기에 접촉되지 않도록
랩핑하거나 봉지에 싸서
냉장 보관한다).

내장을 감싸고 있던 갈비뼈
부분이 왼쪽으로 가도록
연어를 도마 위에 사선으로
두고 위에서부터 아래로
내려오면서 뼈를 제거한다.

왼손으로 갈비뼈를
잡고 약간 왼쪽으로
젖히면서 오른손의 칼로
조금씩 칼집을 넣으면서
뱃살부위에 붙어있는
갈비뼈를 떼어낸다.

연어 살이 갈라지지 않도록
조심해서 연어방향을
바꿔서(도마를 돌리면 연어
살이 안전할 수 있다) 등살
지느러미를 제거한다.

갈비뼈와 등살 지느러미가
제거된 연어를 도마와
동일한 가로방향으로 둔다.

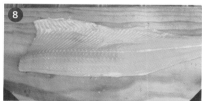
핀셋을 이용하여
상단중간에 있는 잔뼈들을
꽂혀 있는 방향 그대로
뽑아낸다. 연어 살이
물러서 조심해야 한다.

뱃살, 허리살,
등살, 꼬리살로
분리한다(숙달되면 뱃살과
나머지로 두 부분으로
나눈다).

껍질과 살 사이에 칼집을
살짝 넣어서 틈을
만들고 왼손으로 껍질을
잡아당기고 오른 손의 칼은
껍질 바로 윗부분을 밀어서
껍질을 제거한다.

081
오늘은 행복한 요리사

chapter **three**

03

오늘은 행복한 요리사

튀김 & 도시락

신발을 튀겨도 맛있다는 말처럼
튀김은 어떤 재료든지 맛있게 만들어 버린다.
황금빛의 바삭바삭 튀김은 남녀노소 누구나 좋아한다.
일본어로 튀김을 '덴뿌라'(天浮羅, てんぷら)라고 한다.
덴뿌라를 말 그대로 풀이하자면 '하늘에 떠있는 비단'이다.
튀김옷을 보고 그 모양을 비단에 비유했다.
맛있는 튀김은 튀김옷과 기름의 온도에 따라 결정된다.
높은 온도의 기름에서 단시간에 튀겨내야 하는데
집에서는 적은 양의 기름에 튀기기 때문에 바삭하게 튀겨내기 어렵다.
가게에서는 많은 양의 기름에 튀기기 때문에
튀김재료를 넣어도 튀김온도가 고온을 유지해서
바삭한 튀김요리를 만들 수 있다.

덴푸라는 단품 요리로 먹지만,
밥 위에 덴푸라를 얹고 덴쯔유를 뿌린 '덴돈'(天丼, てんどん, 덴푸라
덮밥)이나, 우동이나 메밀국수 위에 덴푸라를 얹은 '덴푸라 우동' 혹은
'덴푸라 소바' 등의 형태로도 먹는다.

돈가스 정식

빵가루를 묻힌 돼지고기를 기름에 튀긴 음식으로 오스트리아 음식인 슈니첼에서 시작되어 서양에서는 포크커틀릿이 되었고, 일본에서는 돈카츠로, 한국에서는 돈가스로 불리게 되었다. 일본에서는 카츠발음이 '이기다'라는 의미의 '카츠'와 발음이 같아서 수험생들이 시험전날에 많이 먹는다. 시험에 이기고 좋은 성적을 거두자는 뜻으로 먹는 것이다.

- 시간 : 25분
- 량 : 1인분

- **돼지고기 등심** 150g, **계란** 1개, **밀가루**, **빵가루**, **양배추**, **와우 드레싱**, **소금**, **후추**, **돈가스 소스**, **깨**
- **와후 드레싱** _ **양파** 1/2, **사과** 1개, **간장** 4T, **설탕** 2T, **꿀** 1T, **레몬즙** 1T, **식초** 1T,

---

1 돼지고기의 기름 부분에 칼집을 충분히 넣어 준다.

2 등심 양면에 소금, 후추를 약간씩 뿌려준다.

3 밀가루, 계란, 빵가루 순서로 묻혀준다.

4 170도의 기름에서 2분 30초 동안 돈가스를 튀겨준다.

5 돈가스 소스에 연겨자와 곱게 갈은 깨를 넣어서 준비한다.

6 채 썬 양배추에 와후 드레싱을 뿌려서 함께 곁들인다.

연우의 요리 . TIP

튀김온도 측정에 가장 간단한 방법은 튀김기름에 나무젓가락을 넣었을 때 기포가 올라오면 튀기기 적당한 온도가 된 것이다. 돈가스는 넓기 때문에, 돈가스를 기름에 넣고 1분정도 지나면 뒤집은 후에 나머지 1분30초를 지나서 꺼내주고, 꺼낸 후에 돈가스를 세워서 기름을 빼면서 예열로 1분정도 놔두었다가 썰면, 고기 안까지 확실하게 익힐 수 있다. 등심은 기름부분에 칼집을 넣어야 하지만 안심은 기름기가 없어서 칼집 없이 바로 소금, 후추에 재워도 된다.

모차렐라 관자튀김

모차렐라치즈 피자치즈가 들어간 음식 중에 맛없는 음식은 없을 것이다. 누구나 좋아하고 가장 유명한 모차렐라 치즈를 수평으로 잘라서 관자와 같은 두께로 준비해서 샌드위치처럼 사이에 끼워서 튀기면 간단하지만 고급스러운 핑거 푸드가 완성된다. 맥주 안주로도 안성맞춤이다. 일본식과 이태리식이 어우러진 색다른 맛을 만나게 될 것이다.

🕐 • 시간 : 20분

🍜 • 량 : 1인분

• 관자3개, 모차렐라 치즈 30g, 바질가루, 소금, 후추, 밀가루, 계란, 빵가루, 돈가스 소스 , 식용유

관자를 수평으로 반을 잘라 6개를 만든다.

관자와 관자 사이에 모차렐라 치즈가 들어 있는 상태에서, 밀가루, 계란, 빵가루 순서로 묻혀준다.

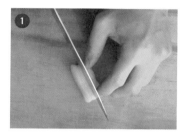
모차렐라 치즈는 반을 자른 관자와 같은 두께와 크기로 자르고, 관자 위에 치즈를 하나씩 올려놓는다.

170도에서 2분간 튀겨낸다.

관자와 치즈에 소금, 후추, 바질가루를 뿌린다.

노릇하고 바삭하게 튀겨낸 후 키친타올에 올려놓고 기름을 빼준다.

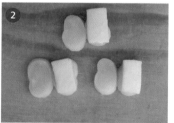
치즈 위에 남은 관자 한 개씩을 마저 올린다. 밀가루, 계란, 빵가루를 준비 한다.

돈가스 소스와 함께 완성한다.

03

야채
모둠튀김

요리 전에 알아야할 상식

먼저 생선이나 채소 등의 주재료를 손질해 놓은 후, 물, 달걀, 밀가루(박력분)로 튀김옷의 반죽을 만든다.
달걀과 물이 잘 섞이도록 충분히 풀어준 후, 미리 체로 쳐 놓은 밀가루를 여러 번 나누어 넣어가며 섞는다.
젓가락으로 튀김옷을 떴을 때 반죽이 끊임없이 잘 흘러내리는 정도를 기준으로 한다. 밀가루를 너무 저어 섞으면
글루텐이 형성되어 튀김옷이 무거워져서 바삭하게 튀겨지지 않으니 주의해서 대강 섞어야 한다.

준비해 놓은 주재료에 튀김옷을 입히고 기름에 튀겨 낸다.
튀김 온도는 주재료에 따라 알맞게 조절하는데, 일반적으로 채소류는 170℃, 생선은 190℃ 정도가 적당하다.
이 때 참기름을 사용하면 향이 좋고 황금빛을 띠는 덴푸라를 만들 수 있다.

덴푸라는 기호에 따라 소금 혹은 무를 갈아 넣은 덴쯔유(天つゆ, 튀김을 찍어 먹는 소스)에 찍어 먹는데, 채소를
주재료로 하여 덴푸라는 채소의 향미를 충분히 느끼기 위해 소금에 찍어 먹는 것이 일반적이다. 덴쯔유는 주재료의
맛과 향을 살리기 위해 설탕을 넣지 않고 미림, 가츠오부시, 간장을 사용해 만든다. 덴푸라 전문점에서는 특색 있는
색과 향을 즐길 수 있도록 소금에 말차, 카레가루 등을 섞어서 제공하기도 한다.

- 시간 : 25분
- 량 : 1인분

- **새우** 2개, **단호박** 1/2개, **새송이 버섯** 1개, **꽈리 고추** 2개, **가지** 1/3개, **계란** 1개,
  아스파라거스 2개, **튀김가루**, **식용유**
- **튀김옷** _ **계란 노른자** 1개, **냉수** 200ml, **밀가루 박력분** 120g
- **덴다시 튀김소스** _ **다시마물** 150cc, **간장** 20cc, **설탕** 1t

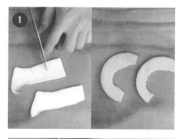

새송이 버섯은 모양대로 2mm
두께로 썬 후 중간에 칼집을
2개 넣어서 먹기 좋게 한다.
단호박도 모양을 살려서 2mm
두께로 썬다.

가지는 먼저 반을 자른 후
부채꼴 모양으로 만든다.
새우는 튀김용 새우 (노바시
새우)를 사용한다.

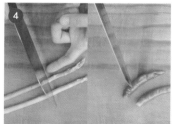

아스파라거스는 손가락
크기로 잘라주고, 꽈리 고추는
중간에 칼집을 살짝 넣어준다.
그러면 튀길 때 터지지 않는다.

튀김옷을 만든다.
얼음물에 계란 노른자만 넣고
젓가락으로 저은 뒤

그릇에 단호박을 먼저 세우고,

튀김가루와 물을 넣고 콕콕
찍듯이 건성건성 섞는다.
섞다만 느낌으로 젓는다.

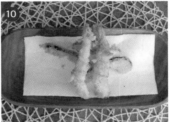

새우, 버섯을 세운다.

튀김가루에 재료들을 묻힌 뒤,
준비한 튀김옷을 입힌다.

나머지 튀김들은 옆에 보기
좋게 세운다.
덴다시 튀김소스도 만들어
함께 곁들인다.

180도 기름에 튀김옷을
뿌려 텐카츠를 만들고,
그 위에 재료들을 얹어서
노릇노릇하게 튀겨낸다.

연우의 요리 . TIP

단호박 대신 고구마, 꽈리고추, 쑥갓 등으로 계절에 따라 대체하여 다양한 색깔로
조화를 이루게 하면 보기에 좋다(녹색, 빨강, 노랑, 흰색, 검정). 덴카츠는 튀김
부스러기인데, 튀김을 할 때 기름에 튀김 반죽만 넣어 튀겨서 만든다.

밀가루에 들어 있는 글루텐의 함량에 따라 밀가루의 반죽 정도가 달라진다.
<강-중-약>이 밀가루 표기에서는 <강-중-박>이 된다. 강력분은 글루텐 함량이
높아서 쫄깃하고 박력분은 글루텐 함량이 낮아 서로 엉키는 힘이 약해서 잘
끊어진다. 보통 밀가루는 중력분이고 강력분은 빵을 만들 때, 박력분은 쿠키나 과자,
튀김 등 바삭한 식감을 낼 때 사용한다. 튀김가루는 밀가루(90% 정도)에 감자전분,
찹쌀, 소금 등의 재료를 첨가한 제품이다. 제조회사별로 첨가물이 조금씩 틀리고 그
비율도 차이가 있다.

091
오늘은 행복한 요리사

연두부
튀김

연두부를 꺼내서 전분에 묻혀 튀길 때 아기 다루듯이 살살 다루어주어야 한다. 네 아이를 키우다보니 '아기 다루듯이'라는 표현이 가슴으로 다가온다. 아기들은 등에 센서가 달렸는지 안아서 재우다가 뉘이면 바로 깨곤 한다. 몇 번의 실패 끝에 그냥 안고 앉아서 잔적이 많았다. 그렇게 세심한 노력으로 연두부 튀김을 완성하면 육수가 담긴 부분은 촉촉하고 다른 면은 바싹하고 한입 깨물었을 때 부드러운 연두부가 쏟아져 나오는 매력 넘치는 요리이다.

🕐 · 시간 : 20분

🍲 · 량 : 1인분

- **연두부** 한모, **쪽파**, **구운 김**, **전분**, **식용유**, **가지** 조금
- **연두부 튀김 소스** _ **다시국물** 150cc, **간장** 2T, **미림** 2T, **무즙** 1스푼

1 연두부 통의 뒷면 끝부분을 살짝 잘라서 물을 빼준다.

2 연두부를 먹기 좋은 크기로 자른 후, 연두부의 포장을 벗겨내고 키친타올로 물기를 제거한다.

3 전분을 두부 6면에 골고루 묻힌다.

4 프라이팬에 기름을 넉넉히 두르고 두부 6면을 골고루 부친다.

5 튀긴 연두부를 키친타올에 올려놓고 기름기를 제거한다.

6 가지는 속을 빼고 끝부분을 놔두고 썬다. 가지 한쪽 면에만 전분을 묻힌다(색상을 살리기 위해서).

7 가지를 튀겨준다.

연우의 요리 . TIP

가지나 꽈리고추를 함께 튀겨내면 연두부의 부족한 영양과 색감을 살려줘 더욱 멋진 요리가 완성된다.

8 그릇에 연두부를 올리고 소스를 부어준다. 쪽파, 김가루로 마무리 한다.

05

우나기도시락

장어, 붕장어, 우나기, 아나고라는 다양한 이름들이 우리를 헷갈리게 한다. 정리를 하면 민물장어, 뱀장어, 붕장어가 우나기이고, 바다장어, 붕장어가 아나고이다. 민물장어는 연어와 달리 바다에서 태어나 어릴 때 강으로 올라와서 생활하다가 산란기에 바다에 가서 알을 낳고 수정을 하고 생을 마감한다고 한다.

094

the third chapter 튀김 & 도시락

우나기 도시락

장어도시락

민물장어 그중에서 풍천장어가 가장 고급대우를 받는다. 장어가 바닷물을 따라 강으로 들어올 때면 일반적으로 육지 쪽으로 바람이 불기 때문에 바람을 타고 강으로 들어오는 장어라는 의미에서 '바람 풍'(風)에 '내천'(川) 자가 붙었다. 여름철에는 그 힘찬 장어의 기력을 받아서 무더위를 이겨내기 위해 장어도시락이 최고의 인기를 누리고 있다.

⏰ • 시간 : 20분

🍲 • 량 : 1인분

• 손질된 생장어 1마리, 김가루, 초생강, 밥 1공기
• 장어 소스 _ 다시마육수 4T, 간장 2T, 미림 2T, 설탕 1T, 물엿 2T, 채 썬 생강 2T,

① 장어 소스를 팬에 졸인다.

② 손질된 장어를 프라이팬에 올려놓고 껍질부터 굽는다.

③ 껍질 쪽에 장어소스를 발라주며 앞뒤로 잘 구워준다. 장어소스 1T 정도 남겨둔다.

④ 도시락 그릇에 따뜻한 밥을 담고 남은 장어 소스를 뿌린다.

⑤ 그 위에 김가루를 올린다.

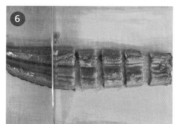
⑥ 장어를 먹기 좋은 크기로 썬다.

⑦ 장어를 올려주고 팬에 남아 있는 소스를 한 번 더 발라주고 마무리한다.

연우의 요리 . TIP

양념이 되어 있지 않는 장어는 프라이팬에 기름을 두르지 않고 은은한 불에 껍질부분부터 굽고 뒤집어서 살 쪽을 구워준다. 초벌로 구울 때는 장어 소스를 4배로 만들어 장어 앞뒤로 부어가며 조린다.

지
라
시
스
시

지라시 스시

흩뿌림 초밥

다양한 색채 맛 재료들이 펼쳐져 있는 한 폭의 그림 같은 도시락이다. 너무 예뻐서 어느 것부터 손을 데야하는지 어려운 음식이기도 하다. 어느 것을 먼저 먹든 지는 상관없지만, 비벼 먹으면 안된다. 위에 재료 하나, 밥 한 숟가락, 이렇게 반찬 한 번, 밥 한 번 따로 먹어야 한다. 재료 하나하나의 맛을 음미하면서 먹기 위해서다. 비벼먹지 않는 문화를 가진 일본친구와 한국 비빔밥을 먹으러 갔는데 문화적 충격을 받은 것 같았다. 찌개를 여럿이서 함께 떠먹는 것도 일본 사람들이 놀라는 것 중에 하나이다.

 • 시간 : 30분

 • 량 : 1인분

• **밥** 1공기, **취향에 맞는 생선류, 계란말이, 어묵, 표고버섯, 김가루, 무순, 날치알,**
• **표고 간장물** _ **간장** 1T, **미림** 1T, **설탕** 1T, **물** 150cc
• **와사비 간장** _ **간장** 1T, **미림** 1T, **물** 1T,
• **초밥초** _ **설탕** 3T, **식초** 2T, **소금** 1T,

1 금방 지은 따뜻한 밥에 초밥초를 넣는다.

2 주걱을 세워 잡고 밥을 빠르게 자르듯이 섞는다. 밥이 으깨지지 않도록 조심 한다.

3 표고버섯을 십자로 4등분 한 후 간장물에 졸인다.

4 도시락 위에 초밥을 담고, 초밥 위에 김가루를 뿌린다.

5 생선류를 색깔의 조화에 신경 써서 보기 좋게 얹는다.

6 어묵, 계란, 야채 날치알 등을 곁들여 얹는다. 와사비 간장과 함께 담아낸다.

연우의 요리 . TIP

'지라시'라는 뜻은 '흩뿌리는 것'이란 뜻이 있어 '흩뿌림 초밥'이라고도 한다.
매년 3월 3일 여자 아이들의 날인 히나마쯔리에 먹는 음식으로도 유명하다. 생선회, 연근, 표고, 연어알, 날치알 등 취향에 맞는 것들로 다양하게 만들 수 있다.

도쿄의 유명 도시락 전문점에서 '오야꼬 도시락'을 먹어본 일이 있다. 계란이 카스텔라처럼 폭신하고 부드러워 노하우를 물어보니 계란을 블랜딩해서 사용한
다고 했다. 지방의 세 곳에서 생산된 각각의 특성을 지닌 계란을 비율대로 섞어서 사용한다고 하는데 일본의 요리법 디테일에 다시 한 번 놀라는 사건이었다.
생산 농가에서도 자기만의 고집이 있고, 음식점마다 오랜 세월 연구한 조리법이 있다. 소비자들 역시 그 맛을 기억하고 존중해주는 삼박자가 갖추어진 일본의
식문화가 부러운 순간이었다.

오야꼬
도시락

親子井(친자정) 닭고기는 부모, 계란은 자녀, 부모자녀가 함께 있는 도시락이다.
닭고기의 육즙이 유지되어 계란 반숙과 함께 풍성한 하모니를 느낄 수 있는 맛있는
오야꼬 도시락을 만들어 보자.

⏰ · 시간 : 20분

🍲 · 량 : 1인분

· **닭다리 살** 150g, **양파** 1/4개, **계란** 2개, **밥 1공기**, **대파**
· **돈부리 소스** _ **다시마육수** 150cc, **간장** 2T, **미림** 4T, **설탕** 1/2T

닭고기는 한 입 크기로 잘라서
소금, 후추, 정종에 넣고
재운다.

양파를 0.5cm 두께로 썰어서
돈부리 소스와 함께 냄비에
넣고 양파가 투명해질 때까지
끓인다.

닭고기를 끓는 물에 살짝
데친 후, 양파가 익으면 데친
닭고기를 넣는다.

닭고기가 익은 후 계란을 슬슬
풀어 닭고기에 전체적으로
끼얹는다.

도시락 그릇에 밥을 담고 밥
위에 완성된 닭고기를 살포시
담아낸다.

대파, 쑥갓 등을 얹어주면
맛있는 오야꼬 도시락이
완성된다.

연우의 요리 : TIP

닭고기와 달걀로 만든 보들보들한 도시락은 튀기지
않아서 칼로리가 낮다.
닭고기는 부모(親, 오야)를 뜻하고 달걀은 자식
(子, 코)을 뜻한다. 합쳐서 '오야꼬'라고 불린다.

치즈 돈가스

돈 등심을 얇게 펴서 모차렐라를 넣고 말아서 튀기는 돈가스이다. 치즈와 돈 등심 사이에 깻잎 한 장이나 바질을 넣어주면 느끼함을 잡아주며 치즈의 풍미를 한껏 살려준다. 튀긴 돈가스를 절반으로 커팅해서 치즈가 보이도록 플레이팅하면 쭈욱 늘어나는 치즈를 눈과 입으로 맛보는 즐거움을 느낄 수 있다.

⏰ · 시간 : 30분

🍲 · 량 : 1인분

· **돼지고기 등심** 90g, **계란** 1개, **밀가루**, **빵가루** 50g, **모짜렐라 치즈** 75g, **신선한 야채**,
· **발사믹 드레싱** _ **올리브오일** 3T, **발사믹 식초**1T, **꿀**1t

10x10cm 크기의 얇은 돈등심 3장을 준비한다(한 장당 약 30g). 돈등심에 구멍이 안 나도록 조심히 두들겨서 편 후, 양면에 소금, 후추를 약간씩 뿌려준다.

가로6cm, 세로 3cm, 두께 1cm로 재단한 모짜렐라 치즈 3조각을 각각의 돈등심 위에 올려 준다.

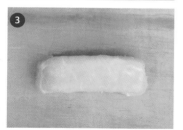

돈등심으로 치즈가 보이지 않도록 잘 감싼다.

밀가루, 계란, 빵가루 순으로 치즈를 감싼 돈등심을 묻혀준다.

170도의 기름에 2분 30초 동안 튀겨준다.

돈가스 소스에 연겨자와 간 깨를 넣어서 준비한다.

신선한 야채에 발사믹 드레싱을 뿌려서 함께 담아낸다.

연우의 요리 . TIP

발사믹 드레싱은 이탈리아를 대표하는 포도로 만든 발사믹 식초를 이용한 드레싱을 말한다. 발사믹은 최소한 7년의 숙성기간이 지나야 '발사믹'이란 단어를 사용할 수 있다. 또한 숙성기간이 23년은 지나야 최고급 발사믹으로 인정한다고 한다.

chapter **four**

04

찌개 · 국 & 면

일본의 국수 요리 중에 가장 대표적이고 일반적인 요리가
우동이다. 모든 음식이 그러하듯이, 일본의 우동 역시 지역에 따라
스타일이 다르다. 관동지방에서는 가쓰오부시와 진한 간장으로
만들어서 맛이 진한 우동을 만들고 관서지방에서는 다시마와
옅은 간장으로 만들어서 맛이 연하고 깔끔하다.

가장 유명한 사누키 우동은 일본 사누키 현(오늘날의 카가와
현)에서 탄생하였다. 이 지방은 벼농사를 짓기에는 강우량이 적고
밀 재배에 최적의 조건을 갖추고 있으며 여기에 이 지역의 명물인
다시멸치가 더해지면서 사누키 우동이 탄생할 수 있었다.

사누키 우동은 면발이 다른 우동 면보다 굵고, 표면이 매끄럽고,
탱탱하고, 쫄깃쫄깃한 것으로 유명하며, 목구멍을 넘어갈 때의
느낌이 특히 매력적이다.

01

대
구
지
리

대구지리

지리는 담백한 맛이 나야하므로 싱싱한 생선(대구)을 사용해야 한다. 대구머리나 대구 살에 핏기가 없는 지 잘 살펴보고 깨끗이 씻은 후, 끓일 때 떠오르는 거품들은 국자로 제거 하면서 끓여야 한다. 지리는 육수를 내는 것이 아니므로 너무 오래 끓이면 도리어 맛이 떨어진다.

🕐 • 시간 : 50분

🥣 • 량 : 4인분

• **대구** 1마리, **콩나물** 250g, **무** 150g, **대파** 50g, **배추** 100g, **미나리** 100g, **청양고추** 1개, **홍고추** 반개, **다시마**, **바지락** 1봉지(200g), **청주** 2T, **다진 생강** 0.3T, **다진 마늘** 0.3T, **소금** 1T, **국 간장** 0.5t

대구는 토막을 내서 찬물에 담가 핏물을 제거한다. 해감 된 바지락을 찬물에 한 번 더 씻어 준다.

냄비에 물 4컵, 다시마를 넣고 끓이다가 물이 끓으면 다시마를 건져내고 배추, 콩나물, 조개, 다진 마늘, 다진 생강을 넣는다.

콩나물은 지저분한 부분을 제거하고 깨끗이 씻어둔다. 배추는 3cm정도로 썬다. 무는 도톰하고 납작하게 부채모양으로 썬다.

데친 대구, 무도 그 위에 올려놓고 끓인다.

미나리는 6cm, 대파, 고추는 어슷하게 썬다.

끓어오르면 미나리, 대파, 고추를 넣고 조금 더 끓인다가 국 간장, 소금을 넣어 간을 한다. 그릇에 담아 폰즈 소스와 함께 곁들어 낸다.

냄비에 물 5컵, 대구, 무, 청주를 넣고 10분간 끓인 후 체에다 거른다.

연우의 요리 . TIP

폰즈 소스(유자, 레몬, 감귤 등 과즙으로 만든 연한 간장 소스로 샤브샤브, 나베 요리 등과 곁들어 사용한다).
• **만들기 재료 :**
   간장 1T, **식초** 0.5T, **레몬청** 2T, **마늘** 0.3T, **청양고추**(선택), **물**(농도)

밀푀유
나베

밀푀유(mile feuille)란 프랑스어로 '천개의 잎사귀'라는 뜻이며, 나베는 일본식 국물 요리의 명칭이다. 배추 깻잎 쇠고기를 차례차례 쌓아서 냄비에 가지런히 담기만 하면 된다. 간단하지만 예쁜 초대음식이다. 밀푀유나베를 부르스타에 올려놓고 앞 접시와 간단한 소스를 마련해 놓으면 파티준비는 끝이다. 샤브샤브처럼 개인 앞 접시에 덜어먹은 후 칼국수, 우동 면을 사리로 하고 마무리는 계란 야채 죽으로 하면 모두들 좋아하고 만족하는 요리가 된다.

⏰ ・ 시간 : 40분

🍲 ・ 량 : 3-4인분

• **배추** 8장, **깻잎** 12장, **샤브샤브용 소고기** 250g, **숙주나물** 150g, **표고버섯** 3개, **팽이버섯**, **느타리버섯**
• **육수 만들기** _ **물** 1500cc, **무** 1토막, **대파** 1개, **양파** 1/2개, **멸치** 5마리, **디포리** 1마리, **건새우**, **다시마**, **간장**, **소금**
• **밀푀유 나베 소스** _ **참깨** 2T, **마요네즈** 1T, **꿀** 1T, **연겨자** 1/2T, **육수물** 2T 1마리,

물 1500cc에 육수 재료를 넣고 끓이다가 물이 끓어오르면 다시마를 빼고 중간 불에 15분간 우려낸다.

내용물을 건져내고 간장으로 색, 소금으로 간을 맞춘다.

배추, 소고기, 깻잎, 소고기, 배추 순으로 켜켜이 올린 후 냄비 높이에 맞추어 3~5등분 한다.

전골냄비 바닥에 숙주나물을 깐다.

잘라놓은 재료를 바깥쪽부터 빙 둘러서 가운데로 쌓는다.

가운데는 버섯 등으로 마무리 한다.

육수를 부어주고 끓여주면 밀푀유 나베가 완성된다. 개인접시와 소스를 준비하여 함께 차려낸다.

연우의 요리 . TIP

밀푀유 나베에 있는 건더기를 소스에 찍어 먹은 뒤 남은 국물로 칼국수나 볶음밥을 해먹어도 좋다.

03

감
자
크
림
카
레
우
동

찌개 · 국 & 면

감자크림
카레우동

도쿄 맛집 쇼다이의 시그니쳐 메뉴이다. 사실 한국 사람들에게만 카레우동이 유명하고 현지인들은 초밥이나
소바를 주로 주문한다. 직접 갈아먹는 생 와사비와 6가지 소금에 찍어먹는 덴푸라도 새로운 맛의 세계로
초대한다. 보기에는 느끼할 것 같은 크림이지만 감자무스를 섞어서 담백하기 때문에 카레와 잘 어울린다. 감자
고로케와 카레를 즐겨먹는 나에게는 더욱 익숙한 맛으로 다가와서 좋아한다.

🕐 · 시간 : 30분

🍲 · 량 : 1인분

· **우동 면** 1개, **카레루** 1조각, **양파** 1/2개, **피망** 1/4개, **당근** 1/4개, **베이컨** 약간, **물** 200ml
· **감자크림 _ 감자** 1/2개, **우유** 150ml, **휘핑크림** 4ml, **소금, 후추** 약간

1 우동 면을 끓는 물에 3분
데쳐서 식힌다.

2 양파, 당근, 피망, 베이컨을
네모나 세모 모양으로
볶음용 두께 (02.~0.3mm)로
썰어준다.

3 팬에 기름을 두르고 당근,
양파, 피망 순으로 넣고
볶는다. 야채가 숨이 죽으면
베이컨을 넣고 볶다가 물과
카레조각을 넣어서 같이
끓인다.

4 카레에 우동 면을 넣고 같이
익혀낸다.

5 감자를 삶아서 곱게 으깨놓고
식힌다. 믹서에 감자, 우유,
휘핑크림, 소금, 후추를 넣고
갈아준다.

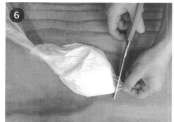

6 만들어진 감자크림을 짤
주머니나 일회용비닐에 담아
비닐 끝을 조금 잘라 준다.

7 그릇에 카레 우동 면을 담고
감자크림을 올린 후 파슬리
가루나 깨 가루 등으로 마무리
한다.

연우의 요리 . TIP

우유대신 휘핑크림, 생크림도 가능하다.
휘핑은 차가울수록 잘되니 감자, 우유,
휘핑그릇을 되도록 차갑게 유지한다.

오늘은 행복한 요리사

04

명란 스파게티

110
찌개 · 국 & 면

명란
스파게티

크림 스파게티에 명란젓이 들어간 파스타이다.
느끼한 맛을 짭조름한 명란젓이 잡아주니 음식궁합이 좋다.
일본 파스타 전문점에 가면 젓가락을 준다.
포크보다 젓가락이 익숙한 우리에게는 더욱 편하게 먹을 수 있어서 좋았다.

🕐 • 시간 : 30분

🍲 • 량 : 1인분

• **스파게티 면** 100g, **명란** 40g(한 덩이), **양파**1/2개, **베이컨** 1줄, **쪽파** 약간,
우유 200ml, **생크림** 100ml, **화이트와인** 1T, **올리브유**, **소금**, **후추**, **버터**, **마늘**2쪽

1 양파는 채 썰고 베이컨은
1cm폭으로 잘라준다. 마늘은
편으로 썬다.

2 명란젓은 껍질과 알을
분리해서 알만 준비한다.
쪽파를 총총 썰어 고명으로
사용한다.

3 끓는 물에 소금을 넣고
스파게티를 부채모양으로
펼쳐서 넣고 7분간 삶아낸 후
올리브유에 섞어둔다.

4 프라이팬에 버터를 두르고
마늘을 볶는다.

5 양파와 베이컨도 넣고 같이
볶다가 화이트 와인, 우유,
생크림을 넣고 졸인다.

6 어느 정도 졸인 후 면을 넣고
같이 볶는다. 고명으로 만들
명란젓을 제외한 나머지
명란젓도 넣어서 2분정도 약한
불에 끓여서 마무리 한다.

7 완성된 스파게티를 접시에
담은 후 쪽파와 명란젓을
고명으로 올려서 완성한다.

연우의 요리 . TIP

명란젓이 짭조름하므로 양을 잘 조절하여 간을 맞추도록 한다. 스파게티면
양은 면을 쥐었을 때 500원 동전크기가 1인분으로 적당하다. 면을 삶는 물
양은 면보다 5배 이상 되고 냄비도 넘치지 않게 큰 냄비가 좋다.

오늘은 행복한 요리사

우동 새우튀김

찌개·국&면

새우튀김
우동

통통한 면을 익혀서 다양한 고명을 올려먹는 일본의 대표 면요리. 면요리가 중국에서 전해진 것으로 알려져 있으나, 가케우동, 자루우동, 기쓰네우동, 카레우동등 다양한 우동들을 독자적으로 만들고 발전시켜왔다. 여름에는 히야시우동(냉우동) 겨울에는 튀김우동을 준비해서 친구와 함께 행복한 시간을 만들어 보자.

⏰ • 시간 : 35분

🍜 • 량 : 1인분

• **우동 면** 1개, **새우튀김** 1개, **꽃 어묵** 3조각, **유부** 3조각, **김가루** 약간, **대파**, **쑥갓**, **다시마**
• 튀김옷 _ **튀김가루** 4T, **물** 5T
• 우동간장 _ **간장** 5T, **미림** 5T, **정종** 5T
• 우동국물 _ **우동간장** 1 : **다시마 육수** 8 (취향에 따라 비율 다르게)

1 우동 간장을 만든다.
비율대로 배합하여 대파 뿌리를 넣어 살짝 끓여준다.

2 다시마 육수를 만든다.
찬물에 다시마를 담구고 중불(90도)에서 끓이다가 다시마를 눌러서 자국이 나면 건져낸다.

3 가쓰오부시를 잘 털어서 넣고 불을 끈다

4 10분 정도 후에 체로 가쓰오부시를 거른다.

5 170도 기름에 튀김옷만 3T부어서 텐카츠를 만들고 노바시새우를 튀김옷에 묻혀서 텐카츠위에 올려 튀긴다.
새우튀김에 벚꽃이 핀 것처럼 바삭한 새우튀김을 만든다.

6 다시마육수 400cc에 우동간장 50cc를 배합하고, 유부와 꽃 어묵을 넣고 끓여준다.

7 우동 면을 끓여 그릇에 담고, 새우튀김, 김가루, 대파, 쑥갓 등을 면 위에 올려놓는다. 우동국물을 붓는다.

연우의 요리 . TIP

다시마 육수는 다시마를 물에 하루 전날 담가두어 사용한다.
텐가츠는 튀김부스러기를 뜻하는데, 튀김요리를 할 때 기름에 튀김옷만 넣어 튀겨서 만든다. 다양한 요리에 고명처럼 뿌려서 먹으면 바삭하고 고소한 맛이 나서 요리가 한층 맛있어 진다.

06

야끼우동

야끼우동

볶음우동

일본의 대중적인 음식으로, 어디서나 쉽게 맛볼 수 있으며 축제에서도 빠지지 않는 음식이다. 소바는 메밀로 만들지만 야키 소바의 재료로 사용하는 면은 밀가루를 재료로 하기 때문에 우동과 비슷하다. 단맛과 매운맛을 조절해서 자신만의 야끼 소바를 만들 수 있다. 간이 배어들면 참기름을 넣어 재빨리 섞은 다음 그릇에 담는 것이 중요한 비결이다.

 · 시간 : 20분

· 량 : 1인분

· **우동 면** 1개, **양파** 1/4개, **피망** 1/4개, **당근** 1/8개, **베이컨** 약간, **숙주**, **양배추** 반 주먹, **가쯔오부시** 한 주먹

· **소스** _ **돈가스 소스** 2T, **굴 소스** 1T, **미림** 1T, **간장** 1/2T, **설탕** 1/2T, **물** 2T

우동 면을 끓는 물에 3분 데쳐서 식힌다. 소스는 비율대로 섞어 놓는다.

양파, 당근, 피망, 베이컨, 양배추를 네모나 세모 모양으로 볶음용 두께(02.~0.3mm)로 썰어준다. 숙주는 잘 씻어서 준비한다.

팬에 기름을 두르고 당근, 양파, 양배추, 피망 순으로 넣고 볶다가 야채가 숨이 죽으면 베이컨을 넣고 볶는다.

우동 면을 넣고 소스를 넣어서 볶아낸다.

마지막으로 숙주를 넣어 볶는다.

그릇에 옮겨 담고 가츠오부시를 뿌려주면 완성된다.

연우의 요리 . TIP

오징어, 새우, 홍합 등을 넣으면 해물 야끼 우동을 만들 수 있다.

바지락
미소국

일본식의 기본중의 기본인 미소시루. 바지락, 유부, 팽이, 쪽파, 배추 등 다양한 재료들을 활용한다. 그렇다고 우리나라 된장국처럼 한꺼번에 많이 넣는 것이 아니라, 각각의 재료들 따로따로 이용한 다양한 미소시루가 있다. 우리나라 국이나 찌개는 재료손질도 많고 오래 끓이지만 일본 장국은 간단한 재료로 미소만 풀어서 10분 정도면 완성된다. 우리나라처럼 밥과 국으로 두개를 먹는 것이 아니라, 메인요리를 도와주는 보조역할이므로 간이 약하고 색도 연하게 끓여내야 한다.

· 시간 : 10분

· 량 : 4인분

· **다시물** 500cc, **미소된장** 1.5T, **바지락** 150g, **쪽파**

해감 된 바지락을 한 번 더 씻어준다.

냄비에 다시마를 넣고 끓이다가 물이 끓으면 다시마를 빼고 조개를 넣고 끓인다.

조개들이 익어서 입이 열리면 미소된장을 체에 밭쳐서 풀어준다.

한 번 더 끓은 뒤 국그릇에 담고 쪽파를 넣어서 완성한다.

연우의 요리 . TIP	

조개 해감 시키는 방법 : 바닷물 농도 (물3컵에 소금1T)의 소금물에 조개를 담그고 검은 비닐이나 뚜껑으로 어둡게 만든 뒤, 2~3시간 서늘한 곳에 두면 조개들이 모래를 뱉어낸다. 참고로 조개를 해감할 때 금속 재질과 접촉하면 시간을 단축시킬 수 있으니, 스테인리스 용기나 쇠수저를 같이 담가두는 것도 좋은 방법이다.

08

미소국 참깨두부

참깨두부
미소국

우리나라 들깨 미역국이나 칼국수처럼 깨들이 풍성하게 들어있는 미소. 두부와 참깨는 서로 잘 어울려져서 무침에도 자주 사용되지만 미소장국에 넣으면 국으로도 훌륭하게 소화해내는 재주꾼들이다.

- 시간 : 15분

- 량 : 4인분

- **다시물** 500cc, **미소된장** 2T, **참깨** 3T, **연두부** 150g, **쪽파**

참깨를 절구에 넣어 곱게 갈아준다.

냄비에 다시마를 넣고 끓이다가 물이 끓으면 다시마를 뺀다.

두부를 손으로 으깬다.

으깬 두부를 끓는 다시물에 넣어준다.

미소된장도 체에 밭쳐서 풀어준다.

간 참깨를 넣고 같이 끓인다.

국그릇에 담고 쪽파를 담는다.

연우의 요리 . TIP

된장국에 어떤 종류가 들어가도 변화가 가능하듯이 미소국에도 미역, 유부, 베이컨, 감자, 계란 등을 활용하여 다양한 미소국을 만들 수 있다.

오늘은 행복한 요리사

chapter *five*

05

반찬류

우리나라 김치처럼 일본은 츠케모노(절임 저장음식)가 있다.
쓰이는 주재료와 절임하는 조미료에 따라 종류가 수십 종에
달한다. 일반적으로 채소를 소금, 된장, 간장, 식초, 술찌끼 등에
절인다. 절이는 동안 맛이 들고 저장성이 높아진다. 우리에게
익숙한 우메보시, 다쿠앙, 랏쿄 등이 있다.

그중 아사즈케는 '아사'(얕다), '츠케'(절임)라는 의미로 다시
말해 얕은 절임인 겉절이다. 양념을 과하게 버무린 것이 아닌
소금에만 살짝 절여서 생으로 먹는 느낌이 들기도 한다.

01

가
보
차
니
모
노

가보차
니모노

단호박 조림

일본식 조림은 짜지 않도록 간이 약해서 단호박 찜 같은 느낌으로 가볍게 먹을 수 있다. 일식요리 중 조림요리는 맛을 잘 기억해둬야 한다. 재료의 크기나 상태에 따라, 계절에 따라 같은 배합 량을 사용해도 맛이 달라지는 경우가 많다. 맛에 대한 기억력, 우리가 아는 그 맛을 다시 재생산 해내는 것이 요리사에게 중요한 자산이다.

 · 시간 : 25분

 · 량 : 2인분

· **단호박** 1/4개
· **양념국물 재료 _ 간장** 1T, **설탕** 1T, **미림** 1T, **다시물** 1컵 (또는 물)

단호박은 숟가락으로 씨를 발라낸다.

단호박을 도마에 넣고 칼로 껍질부분을 무당벌레 모양으로 썰어준다(모양도 예쁘고 양념이 잘 배도록).

냄비에 단호박 껍질이 밑으로 가도록 가지런히 놓은 다음 양념국물을 넣고 끓인다.

물이 끓으면 약한 불로 줄이고 물에 적신 키친타올을 호박 전체에 씌운다. 오토시부타가 있으면 오토시부타를 사용한다.
※ 오토시부타 : 양념이 잘 배게 도와주는 뚜껑 (p19 참고).

뚜껑을 덮고 10분간 조린다.

꼬치로 찔러보아 쑥 들어가면 불을 끄고 뚜껑을 닫고 5분간 뜸을 들인다.

완성된 단호박 조림을 그릇에 담아낸다.

※ 오토시부타 : 일식에서 조림할 때 사용하는 나무뚜껑으로 냄비 안에 들어가서 국물이 끓어서 이 뚜껑에 닿았다가 다시 떨어지기를 반복하며 조림재료에 맛이 골고루 배게 도와준다.

연우의 요리 . TIP

단호박은 조리하는 동안 쉽게 으깨지므로 냄비에 겹치지 않도록 나란히 놓고 서로 부딪히지 않도록 조려야 한다.

다마고 마끼

계란말이

어릴 적 아빠를 따라서 일식집에 갔다가 계란말이를 먹어본 후 집에 와서 엄마에게 똑같이 해달라고 떼를 썼던 적이 있다. 어머니는 짠 계란말이, 일본식은 단 계란말이, 어머니는 거친 계란말이, 일본식은 보드란 계란말이. 동시를 읊조리며 떼를 써봤지만 결국은 요리사가 된 후에 계란말이를 만들어 먹을 수 있게 되었다. 원 없이 먹을 수 있게 되니 어릴 적만큼 맛있지는 않은 것 같다. 어릴 적에 일 년에 한 번 먹을 수 있던 바나나처럼.

- 시간 : 15분
- 량 : 2인분

- **계란** 3개, **설탕** 2T, **정종** 1T, **다시물** 1T(물로 대체)

1. 계란, 설탕, 정종을 다시물에 넣어서 잘 섞는다.

2. 체에 한 번 걸러낸다.

3. 사각 팬에 기름을 넉넉히 두르고 약한 불에 달구다가 따뜻해지면 기름을 닦아낸다.

4. 살짝 코팅된 프라이팬에 계란 물을 얇게 펴고 중간 불에 달구며 달걀 물에 기포가 올라오면 젓가락으로 휘휘 저어주면서 뭉치면 한쪽 끝으로 몰아준다.

5. 다시 계란 물을 부어가며 반복적으로 말아준다.

6. 마지막 계란 물에서는 젓가락으로 짓지 말고 표면이 깨끗하게 되도록 익혀서 말아준다.

7. 프라이팬 아래 부분을 이용해서 모양을 잡아준다. 썰어서 반찬, 회덮밥, 지라시 스시 등 다양한 요리에 사용한다.

연우의 요리 . TIP

계란말이 하는 방법도, 넣는 재료도 초밥 집마다 다르다. 마를 갈아 넣거나 생새우 살, 흰 살, 생선살을 갈아서 넣기도 한다. 가게에서는 대용량을 만들기에 다시물을 꼭 써야 하지만 가정에서는 간략하게 물을 대신 사용해도 좋습니다.

호렌소
오히타시

시금치 나물

우리나라 시금치나물은 소금, 마늘, 참기름 넣고 팍팍 무쳐야 하는데, 일식 시금치나물은 그냥 시금치 그 맛 그대로 살리고 모양도 가지런히 담아야 한다. 간과 양념은 최대한 심심하고 심플하게 한다. 돈부리를 먹을 때도 섞지 않는 것처럼 나물도 비비고 섞지 않는다.

- 시간 : 25분
- 량 : 2인분

• **시금치** 150g (1/2단), **가쓰오부시**, 소금 1T, **간장약간, 미림 약간**

시금치의 뿌리를 자른 후 뿌리와 줄기 부분에 세로로 칼집을 내준다.

볼에 시금치 뿌리부분을 10분정도 담가 둔다.

끓는 물에 소금 1T를 넣고 시금치를 뿌리부분부터 세워서 넣고 3초정도 있다가 전체를 담가서 30초 정도 데친다.

얼음물에 재빨리 식힌 후 뿌리 부분부터 길게 모아 잡고 손으로 꽉 짜서 물기를 뺀다.

물기를 짠 시금치를 둘로 나눠 뿌리 부분과 잎 부분이 반반 겹치게 한다.

3cm 길이로 잘라서 그릇에 담는다.

간장과 미림을 끼얹는다.

가쓰오부시를 올려서 완성한다.

연우의 요리 . TIP

나물요리는 채소를 어떻게 데치느냐가 중요합니다. 끓는 물에 질긴 뿌리 쪽부터 담가서 데치면 잎 부분까지 식감을 살릴 수 있습니다.

127

긴피라
고보

우엉조림

1월이 제철인 우엉은 쓴맛이 나지만 입에 쓴 것이 몸에는 좋은 것이다. 인삼에 들어있는 사포닌성분이 우엉에도 많이 있다. 사포닌은 혈관에 있는 기름을 씻어내는 혈관비누라는 별명을 가지고 있다. 그 밖에도 콜레스테롤을 낮추고 동맥경화, 뇌졸중, 변비예방 등에 좋다. 그리고 다이어트에도 도움이 된다.

- 시간 : 15분
- 량 : 4인분

- **우엉** 1뿌리, **당근** 1/4개, **참기름**
- 조림장 _ **간장** 2T, **설탕** 1T, **미림** 1T

1 우엉 표면의 흙을 씻어내고 껍질을 야채 필러나 칼로 긁어서 벗겨낸다.

5 프라이팬에 참기름을 넣고 우엉을 볶는다.

2 우엉 끝을 도마에 사선으로 세워 빙빙 돌려가며 연필 깎듯이 우엉을 잘라낸다.

6 당근도 넣어서 볶다가 조림장을 넣고 볶는다.

3 우엉은 갈변이 일어나므로 깎으면서 바로 물에 담근다.

7 우엉에 조림장이 고루 배어나면 참기름을 약간 넣어 마무리 한다.

당근도 채 썰어서 준비한다.

8 그릇에 담아낸다.

연우의 요리 . TIP

우엉 대신 연근을 사용하면 연근조림을 만들 수 있다.

05

시라아에
호렌소

호렌소
시라아에

시금치 두부무침

두부는 물기를 잘 제거한 후 체에 내려서 곱게 준비하는 것이 중요하다. 밑간양념을 한 후에 본 양념을 하면 간이 골고루 균일하게 배서 더욱 맛이 좋다. 시금치는 뿌리부분이 억새서 뿌리를 잡아주고 좀 더 오래 삶도록 한다. 무침은 먹기 바로 직전에 무치는 것이 중요하다. 미리 만들어 놓으면 재료에서 수분이 흘러 나와 맛과 색감이 나빠진다.

- ⏰ • 시간 : 15분
- 🥣 • 량 : 2인분

- **시금치** 150g (1/2단)
- 밑간 양념 _ **물** 2T, **간장** 1t, **소금** 1/2t
- 양념장 _ **두부** 150g (1/2모), **참깨** 2t, **미소된장** 2t, **설탕** 1T, **간장** 1/2t

1 시금치의 뿌리를 자른 후 뿌리와 줄기 부분에 세로로 칼집을 내준다.

2 그릇에 시금치 뿌리부분을 10분정도 담가 둔다.

3 끓는 물에 소금 1T를 넣고 시금치를 뿌리부분부터 세워서 넣고 3초정도 있다가 전체를 담가서 30초정도 데친다.

4 얼음물에 재빨리 식힌 후 뿌리 부분부터 길게 모아 잡고 손으로 꽉 짜서 물기를 뺀다.

5 밑간 양념을 시금치에 끼얹어 맛을 들인다.

6 키친타올로 두부 물기를 제거한 후 체를 이용하여 두부를 곱게 으깬다.

7 두부를 제외한 양념장을 고루 섞어서 녹인 후에 곱게 으깬 두부를 섞어서 양념장을 완성한다.

8 밑간해둔 시금치를 짜서 5cm로 자른 후 양념장에 무친 뒤 접시에 담아 완성한다.

06

스
모
노

규
리
와
카
메

규리와카메
스모노

오이 미역무침

초무침의 가장 기본은 오이 미역무침이다. 쉽고 간단하고 누구나 좋아한다.
초무침 요리들은 반찬으로뿐 아니라, 사케(정종)와 함께 먹기에 좋다.
산성인 술과 알칼리성인 초무침이 만나면 영양면에서 조화가 이루어져서 술이 술술 넘어간다.

🕐 ・시간 : 20분

🍲 ・량 : 2인분

・**오이** 1/3개, **불린 미역 약간**
・단촛물 재료 _ **식초** 2T, **설탕** 2t, **소금** 약간

마른 미역을 물에 불려 놓는다.

물2T와 소금 1t를 넣고 10분 정도 수분을 뺀다. 물을 넣어주면 소금기가 고루 퍼져서 수분이 더 잘 빠진다.

단촛물을 비율대로 잘 섞어서 준비한다.

미역을 펼쳐서 물기를 닦아낸 후 질긴 심 부분은 잘라내고 한 입 크기로 자른다.

오이는 굵은 소금으로 문질러서 표면 돌기의 불순물을 닦아내고 흐르는 물에 씻는다.

오이를 한 움큼씩 집어 물기를 꼭 짠다.

오이의 양쪽 꼭지를 잘라내고 1-2mm 얇게 썰어서 볼에 담는다.

미역과 함께 섞은 후 단촛물을 넣어서 무쳐낸다.

연우의 요리 . TIP

초무침 요리는 술을 마실 때 궁합이 좋다. 산성인 술과 알칼리성인 초무침이 영양의 조화를 이룬다.

133
오늘은 행복한 요리사

07

자완무시

계란찜

누구나 좋아하는 푸딩같이 부들부들한 일본식 계란찜. 자완무시, 생선살, 어묵, 은행, 밤 등 다양한 재료들을 넣어서 계란찜을 만들 수 있다. 다싯물과 계란의 비율도 중요하지만 불 조절이 포인트이다. 강한 불에 찌면 겉 표면이 우둘우둘 해질 수 있으니 느긋하고 은근하게 쪄주어야 한다.

⏰ · 시간 : 20분

🍲 · 량 : 1인분

· **계란** 1개, **표고버섯** 1/4, **꽃어묵** 1조각, **새우** 1마리,
다시국물 150cc, **미림** 1/2t, **간장** 1/4t, **소금약간**

꽃어묵과 밑동을 자른 표고버섯은 4등분 한다.

볼에 계란을 깨뜨려서 거품이 일지 않도록 살살 풀어준다.

다시국물에 미림, 간장, 소금을 넣은 후 체에 거른 계란물을 넣고 섞어준다.

계란물을 1스푼 정도 남기고 나머지는 접대 할 그릇에 담는다. 표고버섯 3조각, 어묵 3조각을 넣는다.

표고버섯, 어묵, 1조각씩과, 계란물 3T는 데코를 위해 남겨둔다.

냄비에 물을 3cm 정도로 넣고 끓인 후 4번 그릇을 넣고 냄비뚜껑을 약한 불로 12분정도 더 끓인다.

뚜껑을 열고 남겨둔 새우, 표고버섯, 어묵을 올린 후 남은 계란물 1스푼을 넣고 뚜껑을 덮는다. 다시 5분간 약한 불에 끓인 후 5분간 뜸 들인다.

135
오늘은 행복한 요리사

브
로
콜
리

고
마
아
에

브로콜리
고마아에

브로콜리 깨무침

스리바치(절구통)에서 깨를 갈고 있으면 깨가 부딪치는 소리도 재밌고 깨 향기가 참 좋다. 일식 돈가스 집에서 손님들이 직접 미니 스리바치를 이용해서 깨를 가는 것도 즐거운 경험을 선물하는 긍정적인 마케팅 방법이다. 참깨대신 검정깨를 사용하면 더욱 고급스러운 느낌을 연출(?) 할 수 있다. 브로콜리도 너무 무르지 않게 살짝 아삭하게 삶아주어야 한다.

- 시간 : 15분
- 량 : 2인분

- **브로콜리** 반개, **소금**
- 양념장 재료 _ **참깨** 3T, **간장** 1T, **설탕** 1T

1 꽃어묵브로콜리는 송이송이 떼어내고 큰 것은 반으로 자른다.과 밑동을 자른 표고버섯은 4등분 한다.

2 냄비에 3cm 정도로 물을 넣고 끓이다가 소금 1T와 브로콜리를 넣고 1분 정도 데치고 건져낸다. 건져낸 브로콜리가 서로 겹치지 않도록 펼쳐 식힌다.

3 프라이팬에 기름 없이 참깨를 중간 불에 볶아낸다.

4 키친타올 위에 볶은 참깨를 올려놓아 물기를 제거하여 깨의 향을 살려준다.

5 깨가 튀지 않게 조심하면서 잘 다져준다. 절구통에서 곱게 빻아줘도 된다.

6 볼에 양념장을 잘 섞은 후 브로콜리를 넣고 무친다.

7 접시에 예쁘게 담아낸다.

09

하
우
사
이
아
사
즈
케

하쿠사이
아사즈케

배추절임

절임을 잘하기 위해서는 소금 사용을 알맞게 해야 한다. '알맞게'라는 단어가 애매모호한 단어이지만 잘 모르겠다면 소금량을 적게 사용하는 것이 좋다. 염분의 과다 섭취가 성인병 등 건강에도 좋지 않지만 짠 것 보다 싱거운 것이 다시 추가해서 간을 맞출 수 있기 때문이다. 단, 오랜 기간 저장하려면 소금량을 늘려서 절임을 해야 한다.

- **시간 : 15분**
  (배추절임시간 제외)
- **량 : 2인분**

- **배추** 1/4개, **다시마** 1장 (5x5cm), **홍고추** 1개
- **절임물 재료 _ 물** 1컵, **소금** 1T, **설탕** 1T

1 다시마는 물에 불린 후 채 썬다.

2 홍고추는 잘게 썬다.

3 배추는 적당한 크기로 썰어준다.

4 배추를 심과 잎을 번갈아 쌓는다.

5 배추 중간 중간에 채 썬 다시마와 홍고추를 넣어준 후 절임물을 배추에 끼얹는다. 다시마와 홍고추 덕분에 감칠맛과 매운맛이 배추에 밴다.

6 그릇 위를 비닐 랩으로 덮어준다.

7 무거운 그릇이나 돌을 올려 누른다. 2~3시간 배추가 절여지도록 보관한다.

8 배추를 손으로 꽉 짜준 후 접시에 담아낸다.

연우의 요리 . TIP
배추 심 부분은 두툼하고 수분이 많아서 심과 잎을 겹치도록 골고루 포개서 절인다.

당근 피클

식초가 건강에 좋다는 사실은 이미 잘 알려진 사실이다. 산을 섭취하면 신진대사가 활발해져서 피로회복에 좋고 성인병 예방에 특히 효과가 있다. 오이피클은 우리에게 잘 알려져 있지만 당근피클은 생소하기만 하다. 당근피클은 주황색 색감이 좋아서 음식을 데코할 때 요긴하지만 영양면에서도 탁월하기 때문에 우리 집 냉장고에는 항상 준비되어 있다.

- **시간 : 15분**
  (냉장보관시간 제외)
- **량 : 10인분**

- **당근** 1개, **샐러리** 1개, **생강** 반개
- 절임물 재료 _ **미림** 100cc, **식초** 100cc, **설탕** 1T, **소금** 1t

절임물을 먼저 만든다. 냄비에 미림을 넣고 끓이다 끓기 시작하면 3분 간 약 불로 졸인다.

볼에 담아 식초, 설탕, 소금을 넣고 섞는다. 절임물을 식혀서 준비한다.

샐러리는 섬유질 부분을 제거하고 채 썬다.

생강은 껍질을 벗기고 채 썬다.
당근 샐러리도 채 썬다.

저장병에 당근, 샐러리, 생강을 넣고 식은 절임물을 부어준다.

뚜껑을 닫고 냉장고에 보관한다.

11

오이 피클

오이 피클

피자 먹을 때 먹는 오이피클이 아니다. 일식에는 생강을 자주 사용한다. 생강향이 나는 오이피클 나는 정말 좋아한다. 장어를 먹을 때도 카레를 먹을 때 생강, 오이, 피클은 단짝 친구다.

🕐 • 시간 : 20분

🍲 • 량 : 10인분

• **오이** 3개, **생강** 반개, **간장** 50cc, **식초** 50cc, **설탕** 2T, **참기름** 약간, **소금** 약간

연우의 요리 . TIP

오이는 이뇨작용이 뛰어나서 몸속의 나쁜 노폐물을 배출한다. 오이피클은 어떤 음식과도 잘 어울린다.

1 간장, 식초, 설탕을 비율대로 섞어서 준비한 후 참기름을 약간 섞어서 준비한다.

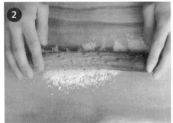

2 오이는 양쪽 끝을 잘라낸 후 도마 위에서 소금으로 문지른다. 쓴 맛이 제거 되고 색감이 좋아진다.

3 오이를 삼면으로 자르는데, 먼저 가운데 보다 약간 한 쪽으로 치우쳐 길게 반으로 자른다(나중에 가운데 씨를 빼내기 위해).

4 반으로 잘랐을 때 더 굵게 잘라진 오이(가운데 오이씨 부분이 많은)는 반으로 길게 잘라준다.

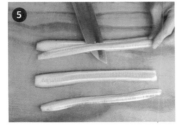

5 오이의 가운데 씨(4번 오이만)를 제거한다. 씨 부분에 수분이 많아서 빼고 사용한다.

6 방망이로 오이를 가볍게 두드려준다. 두들기면 아삭한 식감이 살아나고 양념이 잘 배어든다.

7 오이를 먹기 좋은 크기로 자른다. 생강은 채 썰어서 함께 준비한다.

8 용기에 오이와 간장을 담고 간장 물을 부어서 냉장고에 2시간 이상 보관 후에 상에 올린다.

온센 다마고

온천 계란

노른자가 익는 온도는 약 70 ℃이고 흰자는 약 80 ℃라는 원리를 이용한 요리이다. '온센'은 온천, '다마고'는 달걀을 뜻하는 일본어이다. 일반적으로 반숙달걀이라고 하면 흰자는 익고 노른자는 덜 익은 상태지만 온센다마고는 노른자는 물론이고 흰자마저 부드럽다.

폰즈 소스를 가미하여 먹는 게 일반적이고, 브런치, 규동, 카레 등 각종 요리에 토핑으로 사용하기도 한다. 냉장고 계란은 급격한 온도변화로 깨질 위험이 높으니 상온 보관해 놓은 계란을 이용하면 좋다.

끓는 물에 전분을 넣고 풀어준 후 찬물을 넣어서 물의 온도를 맞추면 끈적이는 전분가루가 온수의 열을 보존하는 특징이 있어서 온센 다마고를 더욱 잘 만들 수 있다.
이 방법은 중식의 마파두부 등 전분물이 들어간 요리가 잘 안 식는 것과 같은 원리이다.

🕐 · 시간 : 20분

🍲 · 량 : 1인분

· **계란** 1개
· **양념장** _ **다시마육수** 4T, **간장** 1/2T, **미림** 1/2T

1. 소금을 약간 넣은 1000cc의 물을 끓이다가 물이 끓으면 불을 끄고 냄비에 300cc물을 붓는다.

2. 국자를 이용하여 계란이 깨지지 않도록 살며시 냄비 안에 내려놓는다.

3. 뚜껑을 닫고 15분간 계란을 익힌다. 15분이 지나면 달걀을 꺼내 찬물에 담가 식힌다.

4. 껍질을 까서 그릇에 담고 양념장을 부어주고 쪽파를 올려 마무리 한다. 취향에 따라 양념장과 쪽파는 생략해도 된다.

연우의 요리 . TIP

일본 온천에서 뜨거운 물이나 증기로 반숙으로 익힌 계란이다.
그냥 먹어도 맛있고 뜨거운 밥 위에 간장과 먹거나 우동, 라멘, 카레, 규동과 함께 먹으면 더욱 맛이 좋다.

chapter **six**

06

샐러드 & 디저트

일본에는 조금만 찾아보면 100년 넘은 가게 뿐 아니라
200년, 300년 대대로 이어져온 식당들도 많이 있다.
오랫동안 그 자리를 지키며 심도 있게 연구하고 분석하는
그들의 성향이 음식문화에서도 잘 나타난다.
일본은 일찍부터 서양문물을 받아들여서 프랑스, 이태리
등의 서양 요리와 장인정신 그리고 아기자기한 솜씨들이
접목되어 디저트 문화가 발달되어 있다.
초콜릿, 케이크, 타르트, 모찌, 푸딩, 젤리 등 디저트를 먹기
위해 일본여행을 가야 할 정도로
예쁘고 맛있는 디저트의 천국이다.

참치 타다끼

참치
타다끼

 • 시간 : 20분

 • 량 : 2인분

참치 샐러드

참치 겉면을 빠르게 살짝 익혀서 소스와 함께 먹는 샐러드이다. 빨간색과 검은색의 참치와 샐러드의 초록색이 간단하지만 화려한 비주얼을 자랑한다. 참치라는 고급 식자재를 사용해서 그런지 드시는 분들도 대접받는 기분이 드니 요리하는 우리는 어깨가 으쓱으쓱해 진다.

• **참치** 150g, **검은 깨, 참깨, 신선한 야채, 레몬, 무순, 양파, 쪽파, 무즙**
• **폰즈 소스 _ 물** 1T, **간장** 1T, **식초** 1T, **미림** 1T, **설탕** 1t, **무즙, 다진 파, 레몬즙** 약간,
• **바닷물 염도** 3% _ **물** 1000cc, **소금** 2T,

미지근한 물에 소금을 넣어(바닷물 염도) 섞은 후, 냉동된 참치를 넣고 해동한다.

참치의 4면이 고기색이 나도록 골고루 익힌다.

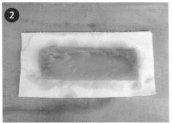

참치의 겉면이 살짝 녹으면(5~10분) 꺼내서 물기를 제거한다.

살짝 익힌 참치를 찬물에 넣어 식힌 후 한 입 크기로 자른다.

참치의 표면에 검은 깨와 참깨를 묻힌다.

찬물에 담갔다 건져서 물기를 제거한 야채와 폰즈 소스와 함께 제공한다.

프라이팬을 달군 후 기름을 두르지 말고 참치 겉면만 살짝 익힌다.

연우의 요리 . TIP

한번 해동한 참치를 다시 냉동시키는 것은 금물이다.
참치를 해동할 때 최상의 색깔을 원하면 소금물에 살짝 담근 후
냉장고에서 5시간 동안 천천히 해동한다.

와후드레싱
샐러드

와후드레싱 샐러드

간장을 베이스로 한 일본풍의 샐러드 드래싱이다. 가자미 소스라고도 불리며 일식집 기본 샐러드에 보편적으로 사용한다. 가게에서는 대량으로 만들다 보니 보통 당근, 사과, 양파는 믹서로 갈아서 쓰는데 강판에 갈아서 만들면 풍미가 더욱 좋다. 사과 향과 간장 향이 은은하게 느껴지는 와우 드레싱의 매력을 느끼게 된다.

🕐 • 시간 : 15분

🥣 • 량 : 4인분

• **여러 야채류**, **사과** 1/2개, **당근** 1/8개, **양파** 1/4개, **식초** 3T, **미림** 2T, **간장** 2T, **설탕** 1T, **올리브유** 5T

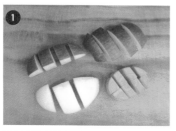
믹서에 갈아 넣기 좋은 크기로 사과, 당근, 양파를 썬다.

사과, 당근, 양파를 믹서기에 넣고 갈아준다.

식초, 미림, 간장, 설탕, 올리브유를 넣는다.

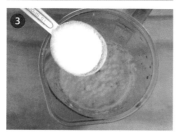
모든 재료를 한 번 더 간다.

신선한 야채를 찬물에 담갔다 건져서 물기를 제거하고 그릇에 담는다.

야채에 소스를 뿌리고 야채와 함께 먹는다.

03

샐러드 & 디저트

연어
샐러드

양파만 썰줄 알면 쉽게 만들 수 있는 초대음식이다. 무순, 양파 등을 연어 안에 돌돌 말아서 핑거 푸드로 세팅해도 파티음식에 좋다. 발사믹 소스, 타르타르 소스, 양파 드레싱 등이 잘 어울린다. 생 연어가 아닌 훈제 연어를 사용하면 케이퍼도 함께 넣어주어야 한다. 특유의 새콤 짭짤한 맛이 훈제연어의 느끼한 맛을 잡아준다.

- 시간 : 15분
- 량 : 2인분

- **연어** 100g, **무순** 1/2줌, **양파** 1/4개, **적양파** 1/4개, **새싹야채** 1줌, **양상추**
- 연어용 식초물 _ **식초** 100cc, **물** 100cc,
- 발사믹 드레싱 _ **발사믹 식초** 3T, **오일** 3T, **꿀** 3T (비율 1:1:1)

1 발사믹 드레싱을 비율대로 섞어서 준비한다.

4 연어는 결(힘줄)의 반대로 썰어준다

2 샐러드 야채, 무순, 채 썬 양파를 찬물에 담갔다 건져서 물기를 제거한다.

5 야채위에 연어를 올리고 발사믹 드레싱과 함께 담아낸다.

3 연어는 식초물에 1분간 담갔다 뺀다.

04

포
테
토
사
라
다

포테토
사라다

감자 샐러드

보슬보슬 으깬 감자와 아삭아삭 오이, 양파, 당근 3총사가 함께하는 샐러드이다.
마요네즈의 짭짤함이 감자와 삼총사를 하나로 만들어 준다. 설탕의 분량은 입맛대로 늘리고 줄일 수 있다.

🕐 · 시간 : 15분

🍜 · 량 : 2인분

· **감자** 1개, **오이** 1/4개, **당근** 1/8개, **양파** 1/8개, **마요네즈** 2T, **설탕** 1T,
소금, 후추 약간

① 양파는 아주 얇게 채 썰어서
찬물에 5분간 담가서 매운
맛을 빼준다.

④ 감자와 야채들을 섞고
마요네즈, 소금, 후추 간을
해서 그릇에 담는다.

② 당근과 오이도 얇게 채 썰어서
소금을 뿌리고 물기가 생기면
꼭 짜서 야채의 물기를 빼고
꼬들꼬들하게 만든다.

③ 감자는 삶아서 으깨서
준비한다.

연우의 요리 . TIP

감자는 껍질을 벗기고 잘라서 삶으면
더욱 빨리 삶아진다.

코울슬로

너무나 익숙하고 발로 채이도록 만만한 양배추를 매일 채 썰어서만 먹지말고
색다르게 작은 네모로 썰어서 준비를 해 보자.
함박 스테이크 같은 일품플레이트 요리 한쪽 면을 장식해주는 조연을 담당할 수 있다.

 · 시간 : 10분

· 량 : 1인분

· **양배추** 한 주먹, **다진 양파** 1T, **옥수수 콘** 1T, **당근** 약간
· **양념 _ 마요네즈** 2T, **식초** 2T, **설탕** 1/2T, **소금, 후추** 약간

옥수수 콘은 물기를 빼 놓는다.

양배추와 양파는 1x1cm
모양으로 썰어서 준비한다.

당근은 짧은 채로 썰어서
준비한다.

재료를 볼에 담고 잘 섞은
양념을 넣는다.

함께 잘 섞어준 뒤 완성 그릇에
예쁘게 담아서 완성한다.

자몽젤리

오렌지, 키위, 망고 등 다양한 과일들을 사용해서 젤리를 만들 수 있다. 그중에서 자몽의 색감이 너무나 예뻐서 자몽젤리를 선택했다. 처음에 자몽의 과육을 빼낼 때는 여기저기 과즙이 튀고 껍질에 구멍에 뚫려서 참을 인자를 많이 되새기며 힘들게 만들었는데, 익숙해지니 과육 빼는 것도 쉽고 간단해 졌다. 완성된 젤리위에 애플민트 한 잎을 올려주면 예쁜 디저트가 완성된다.

- **시간 : 15분**
  (젤리 굳히는 시간 제외)
- **량 : 4인분**

• **자몽** 1개, **젤라틴** 5g(2조각: 1조각 길이 약 5x15cm), **설탕** 2T, **물** 50cc, **민트 잎**

자몽을 가로로 절반을 자른다.

자몽과육에 설탕을 넣고 잘 섞어준다.

티스푼을 이용해 과육을 긁어낸다.

자몽과육에 물에 녹은 젤라틴(4번)을 넣어 잘 풀어준다.

자몽껍질에 남아 있는 과육껍질을 스푼으로 깨끗이 뜯어낸다. 자몽껍질은 나중에 자몽젤리를 담을 그릇으로 사용된다.

자몽껍질에 자몽과육(6번)을 담아 냉장고에 3-4시간 굳힌다.

따뜻한 물 50cc에 젤라틴을 넣고 잘 풀어준다.

냉장고에서 차갑게 굳힌 자몽젤리를 꺼내 먹기 좋은 크기로 썰고 그릇에 담는다.

07
___

밀크푸딩

160
샐러드 & 디저트

밀크푸딩

'식당진' 정식메뉴에서 디저트로 활용하고 있는 푸딩이다. 디저트로 과일을 드리다가 갈변현상이나 보관이 불편해서 푸딩으로 변경했는데, 손님들이 너무 좋아해주신다. 어떤 분은 7개까지 먹을 수 있다고 했다. 찰랑찰랑, 말캉말캉 푸딩위에 달콤한 캐러멜 소스는 항상 옳다.

- **시간 : 15분**
  (푸딩 굳히는 시간 제외)
- **량 : 4인분**

- **우유** 400cc, **설탕** 4T, **젤라틴** 5g(2조각: 1조각 길이 약 5x15cm), **제빵 틀, 자몽주스** 5T

① 젤라틴을 찬물에 불린다.

⑤ 완성 컵에 젤라틴과 섞인 우유(3번)를 넣고 냉장고에서 3-4시간 정도 굳힌다.

② 우유에 설탕을 넣어 섞은 후 데워준다.

⑥ 납작 그릇을 비닐 랩으로 덮은 후, 젤라틴을 섞은 자몽(4번)을 부어준다. 냉장고에서 3-4시간 정도 굳힌다.

③ 데운 우유에 젤라틴 4g 정도를 넣고 잘 풀어준다.

⑦ 냉장고에서 굳힌 자몽젤리를 꺼내어 그릇에서 분리한 후, 제빵 틀로 찍어 모양을 내준다.

④ 자몽주스도 살짝 데운 후, 젤라틴 1g 정도를 넣고 잘 풀어준다.

⑧ 냉장고에서 차갑게 굳은 우유푸딩을 꺼내, 그 위를 자몽 젤리(7번)로 장식한다.

밀크푸딩을 더 단단하게 만들고 싶다면?

밀크 푸딩위에 캐러멜 시럽을 뿌려 먹어도 맛이 잘 어울린다!

푸딩을 더 단단하게 만들고 싶으면 젤라틴 한 조각(2.5g)을 더 넣어준다. 우유를 냉장고에 넣어 굳히기 전에 우유 표면에 생긴 우유 거품을 제거해 줘야 깨끗한 푸딩 표면을 만들 수 있다. 우유담은 컵을 살짝 들었다가 바닥에 쿵쿵 치거나 토치 불을 이용해서 우유표면을 살짝 그을리면 거품이 제거된다. 자몽젤리는 납작 그릇 위에 비닐랩으로 덮어줘야 나중에 그릇과 젤리를 쉽게 분리 할 수 있다. 생딸기, 생키위 등 과일을 이용해서 우유 푸딩위에 올리면 맛있고 예쁜 디저트가 완성된다.

• 캐러멜 소스 _ **설탕** 2T, **물** 2T

설탕 2T, 물 1T를 넣고 냄비를 돌려서 섞어준다. 그리고 갈색이 나도록 데워준다. 스푼으로 저으면 시럽이 굳어 버린다.

갈색이 나면 불을 끄고 물 1T를 넣는다(물대신 생크림 1T를 넣으면 더욱 좋다).

푸딩 위에 캐러멜 시럽을 뿌려서 먹는다.

※ 캐러멜시럽은 만들 때 여유 있게 만들어 놓고 커피, 과일주스 등 설탕 대용으로 다양하게 활용가능하다.

오늘은 행복한 요리사

사과
자르기

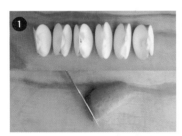

깨끗이 씻은 사과를 같은
크기로 6등분 한다.

양끝을 반듯하게 잘라낸다.

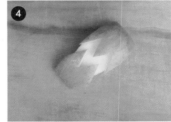

씨가 잘라지도록 사과 안쪽
가운데 부분을 자른다.

<튤립모양> 껍질 부분을
지그재그로 W자로 칼집을
넣는다. 튤립모양이 되도록
껍질 절반을 깎아낸다.

<날개모양> 한 면 아래를
평평하게 자른다.

<날개모양> 아래에서 1/3
지점에 칼집을 낸다.

<나뭇잎모양>잘라진 부분을
바닥에 고정하고 V자 모양으로
양쪽으로 칼집을 낸다. 사과
크기에 따라 3~5번 정도
칼집을 낸 후 밀어서 모양을
완성한다.

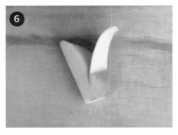

<날개모양> 위에서부터
2/3은 껍질을 벗겨내고 날개
모양으로 칼집을 낸 자리에
끼운다.

키위
자르기

키위는 껍질 채 둥글게 썬다.

껍질을 지그재그로 주름을
잡아준다

껍질을 깎다가 마지막에
껍질이 붙어 있도록 남겨둔다.

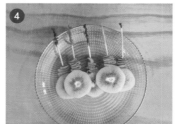

모양이 망가지지 않도록
조심하면서 이쑤시개를
꽂아준다.

딸기
자르기

흐르는 물에 깨끗이 씻은 후 꼭지를 잘라낸다.

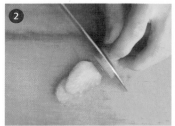

세로로 4~5번 얇게 자른다.

접시에 큰 조각부터 5개를 먼저 깐다.

점점 작은 조각으로 엇갈리게 올려서 쌓아올린다.

맨 위는 민트 잎이나 작은 잎으로 마무리한다.

오늘은 행복한 요리사

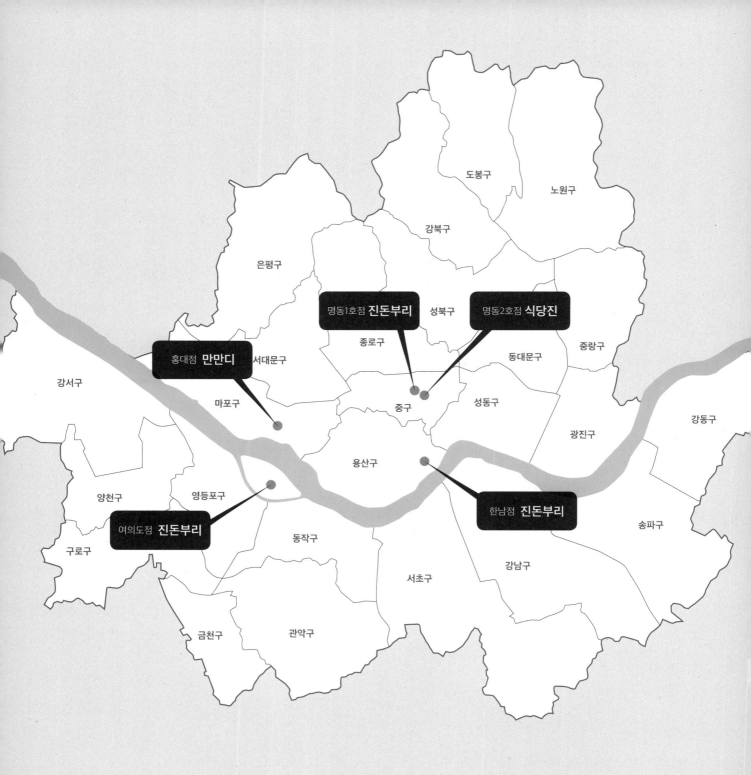

도봉구

노원구

강북구

은평구

명동1호점 **진돈부리**　　성북구　　명동2호점 **식당진**

종로구

중랑구

동대문구

강서구

홍대점 **만만디**　서대문구

마포구

중구

성동구

광진구

강동구

용산구

양천구　　영등포구

한남점 **진돈부리**

여의도점 **진돈부리**

동작구

송파구

구로구

강남구

금천구　　관악구

서초구

168
오늘은 행복한 요리사

명동1호점 **진돈부리**

- **운   영** : 2009년~ 현재
- **대표메뉴** : 가츠동, 에비동, 사케동
- **특   징** : 우리 가게들의 시작점. 명동성당 앞 골목길에 위치한 자그마한 덮밥 집. 일본 뒷골목의 풍경을 그대로 옮겨온 듯한 느낌 속에서 일본에서 먹던 그 맛 그대로 재현한다. 일본여행을 다녀오거나 일본유학생들이 특히 좋아한다.

명동2호점 **식당진**

- **운   영** : 2016년~ 현재
- **대표메뉴** : 생연어정식, 함박스테이크, 모둠튀김
- **특   징** : 밝고 따뜻한 분위기로 가족들이 함께 오셔도 편안하게 식사할 수 있는 곳. 일본식 가정요리를 한다. 아기자기한 일본그릇들을 사용한 정갈한 상차림을 맛볼 수 있다. 반찬 하나부터 디저트까지 직접 수제로 만들고 있다. 요리사가 피곤할수록 음식은 맛있어진다는 신념을 가지고 정성을 담아 진심을 전하고 있다.

한남점 **진돈부리**

- **운   영** : 2011년~ 현재
- **대표메뉴** : 규동, 사케동, 일본카레
- **특   징** : 단정하고 모던한 스타일의 인테리어와 차분한 서비스로 사랑받는 지점. 매일 시장에서 신선한 연어를 들여와 직접 손질하여 손님께 제공한다. 철저한 품질관리와 맛으로 손님들에게 인정받고 있는 곳이다. 돈부리뿐 아니라 일본카레가 특별히 인기 있다.

여의도점 **진돈부리**

- **운   영** : 2013년~ 2016년
- **특 이 점** : 현대캐피탈 본사 사옥 입점
- **대표메뉴** : 사누끼우동, 돈까스정식, 회덮밥
- **특   징** : 현대 캐피탈 직원들을 위한 사내식당이다. 직원들의 복지를 위해 사내식당이 맛집들로 꾸며져 있다. 현대카드만의 디자인과 철학 등 고유의 기업문화를 통해서 많이 배우고 한 단계 발전하는 시간이었다.

홍대점 **만만디**

- **운   영** : 2013년 ~ 2015년
- **방   송** : 테이스티 로드, 찾아라 맛있는 TV, 생생정보통 방영
- **대표메뉴** : 매운 짬뽕, 해물 짜장, 치즈 돈까스, 찹쌀 탕수육
- **특   징** : 짜장면이 맛있는 공간인 공사장과 만화 책방을 모티브로 인테리어 했다. 독특한 인테리어와 맛있는 짬뽕으로 인기를 얻어 수차례 방송출연을 하고 잡지에 실렸다. 홍대만의 젊은 감각과 빠른 변화속도에 맞춰가며 다양한 아이디어와 메뉴개발을 했었다.

책을 마무리 하며…

점이 이어서 선을 이루고 선이 도형을 이루듯이
이 책이 완성이 아닌 과정이라는 것을 알고
있습니다. 끝까지 해내는 열정을 가지고 오늘
하루를 순종하고 감사하겠습니다.

책을 통해서 사람과 사람의 진심이 전해지기
원합니다. 작가와 독자의 소통도 기대하고 또
다른 만남과 시작을 기대합니다.

책이 만들어지기까지 물신 양면으로 도와주신
김현태 대표님, 아트 디렉터 김은기 누나, 촬영
박훈희 형, 촬영보조 권희운 씨께 감사드립니다.
멀리 가려면 함께 가라는 말처럼, 오늘도 각
지점에서 정성으로 요리하고 있는 종신, 선정,
상경, 정범, 종수에게도 항상 고맙습니다.
책을 쓴다는 것을 출산의 고통에 비유하는데 이런
비유를 부끄럽게 만드는 네 아이의 엄마이자
사랑하고 존경하는 아내 혜정이, 책을 쓰는
내내 도움보다는 방해만 줬지만, 요리사보다
자랑스러운 아빠라는 이름을 붙여준 율, 원, 윤, 완
사랑해.
그리고 사랑합니다. 예수님.

· **인스타그램** https://www.instagram.com/jin_happy_cook/

· **홈페이지** http://sikdangjin.cityfood.co.kr/

· **페이스북** https://www.facebook.com/jinhappycook/

· **명동1호점 진돈부리**

   명동1호점 진돈부리 (중구 저동1가 103-9) 02-2235-1123

· **명동2호점 식당진**

   명동2호점 식당진 (중구 남산동3가 13-17) 02-755-7558

· **한남점 진돈부리**

   한남점 진돈부리 (용산구 한남동 744-34) 02-797-1179

초판 1쇄	2017년 3월 30일
초판 2쇄	2017년 6월 28일
초판 3쇄	2018년 6월 11일
지은이	주연우
펴낸이	김현태
아트디렉터	김은기
촬영	박훈희
촬영보조	권희운
디자인	디자인 창 (디자이너 장창호)
펴낸곳	따스한 이야기
등록	No. 305-2011-000035
전화	070-8699-8765
팩스	02- 6020-8765
이메일	jhyuntae512@hanmail.net

따스한 이야기 페이스북

https://www.facebook.com/touchingstorypublisher

따스한 이야기는 출판을 원하는 분들의 좋은 원고를
기다리고 있습니다.

가격 13,000원